煤矿特种作业安全培训教材



# 煤矿井下电气作业

主　编　申正旺

中国矿业大学出版社
· 徐州 ·

**图书在版编目(CIP)数据**

煤矿井下电气作业/申正旺主编. —徐州:中国矿业大学出版社,2024.4

煤矿特种作业安全培训教材

ISBN 978-7-5646-6232-5

Ⅰ. ①煤… Ⅱ. ①申… Ⅲ. ①煤矿开采—井下作业—电气安全—安全培训—教材 Ⅳ. ①TD608

中国国家版本馆 CIP 数据核字(2024)第 078658 号

| | |
|---|---|
| **书　　名** | 煤矿井下电气作业 |
| **主　　编** | 申正旺 |
| **责任编辑** | 齐　畅 |
| **出版发行** | 中国矿业大学出版社有限责任公司<br>(江苏省徐州市解放南路　邮编 221008) |
| **营销热线** | (0516)83885370　83884103 |
| **出版服务** | (0516)83995789　83884920 |
| **网　　址** | http://www.cumtp.com　**E-mail**:cumtpvip@cumtp.com |
| **印　　刷** | 徐州中矿大印发科技有限公司 |
| **开　　本** | 850 mm×1168 mm　1/32　**印张** 8.75　**字数** 235 千字 |
| **版次印次** | 2024 年 4 月第 1 版　2024 年 4 月第 1 次印刷 |
| **定　　价** | 32.00 元 |

# 《煤矿特种作业安全培训教材》编写委员会

# 前　言

本书是新时期煤矿特种作业安全培训系列教材编纂工作的前期成果。

党的十八大、特别是党的二十大以来，面对煤矿安全生产工作出现的新情况、新问题，为推进煤矿安全工作高质量发展，贯彻落实习近平总书记关于安全生产重要论述及党中央国务院关于煤矿安全生产系列指导性文件，在更高水平上服务于新时期煤矿安全生产工作，我们联系有关院校、企业和科技支撑单位的人员筹划编写了本系列教材。

本系列教材编写采取模块化结构，主要由具有共性的煤矿安全生产常识和各特种作业类别专业知识两部分组成，以便相关单位有针对性地组织教学，从而有效提高煤矿特种作业从业人员的专业化水平。在内容上，本系列教材力求条理明确、逻辑清晰，教学、自学皆宜。

本系列教材在编写调研期间，得到了陕西省煤矿安全生产主管部门、各煤矿企业和煤矿安全培训机构的大力指导、帮助和支持，在此我们表示衷心的感谢。

由于作者水平有限，难免有不妥之处，敬请读者批评指正。

**作　者**

# 目　录

# 第一章　安全生产法律法规及煤矿安全管理

## 第一节　煤矿安全生产方针

### 一、安全生产方针的内容

安全生产，是指在社会生产活动中，通过人、机、物、环境的和谐运作，使生产过程中潜在的各种事故风险和伤害因素始终处于有效控制状态，切实保护劳动者的生命安全和身体健康。安全生产方针是国家对安全生产工作总的要求，是安全生产工作的指导思想和行为准则。我国长期坚持“安全第一、预防为主、综合治理”的安全生产方针。这个方针是我国党和政府根据工作的实际情况，逐步总结出来的。多年来的实践证明，我国的安全生产方针是完全正确的。根据这一方针，国家制定了一系列安全生产的政策、法令、法规和规程，安全生产工作取得了巨大的成就。

“安全第一”是指强调安全，强调人的生命与健康高于一切，安全优先，以人为本，把安全放在一切工作的首位。煤矿企业要树立红线意识，落实“不安全不生产，隐患不排除不生产，安全措施不落实不生产”的原则，井下从业人员要珍惜自身生命健康，保持随时、随地安全生产的习惯，杜绝侥幸心理，实现自主保安、相互保安。

“预防为主”是指实现安全生产的主要工作在于预防，把安全生产工作的关口前移，超前防范，通过预防工作及时把各类事故消灭在萌芽之中。一切隐患都是可以消除的，一切事故都是可以预防的。煤矿企业要建立隐患排查、事故预防机制，采取有效的事前控制措施，保证安全生产。井下作业人员要自觉执行作业规程和操作规程，严格遵守劳动纪律，搞好安全生产。

“综合治理”是指综合运用各种手段，包括加强安全生产管理，保证安全生产投入，加强安全生产教育培训，做好业务保安、科技兴安工作，充分发挥各方面的安全监督作用，从而保证安全生产。“综合治理”要求做到全方位、全过程、全员管理；重视科学技术对煤矿安全的重要支撑作用，提高煤矿生产机械化、自动化、信息化、智能化水平。“综合治理”是安全生产工作的重心所在，是保证安全管理目标实现的重要途径。

“安全第一、预防为主、综合治理”的安全生产方针是一个有机统一的整体。安全第一是目的，是预防为主、综合治理的统帅和灵魂，没有安全第一的思想，预防为主就失去了思想支撑，综合治理就失去了整治依据。预防为主是实现安全第一的根本途径。只有把安全生产的重点放在建立事故隐患预防体系上，超前防范，才能有效减少事故发生，实现安全第一。综合治理是落实安全第一、预防为主的手段和方法。只有不断健全和完善综合治理工作机制，才能有效贯彻安全生产方针，真正把安全第一、预防为主落到实处，实现安全生产。

2023年，《中共中央办公厅 国务院办公厅关于进一步加强矿山安全生产工作的意见》印发。该意见是经党中央、国务院同意印发的矿山安全生产领域纲领性文件，充分体现了以习近平同志为核心的党中央对矿山安全生产工作的高度重视。该意见指出，矿山安全生产事关人民群众生命财产安全，事关经济发展和社会稳定大局，是安全生产的重中之重。为深入贯彻党的二十大精神，进一步加强矿山安全生产工作，该意见提出严格矿山安全生产准入、推进矿山转型升级、防范化解重大安全风险、强化企业主体责任、落实地方党政领导责任和部门监管监察责任、推进矿山安全依法治理、强化组织实施等七个方面共二十四条意见。

**二、安全生产方针对于井下一般从业人员的要求**

(1) 牢固树立“安全第一”的思想,不安全不生产。

(2) 遵守班组安全管理制度,学法、知法、守法,树立依法进行煤矿安全生产作业的意识。

(3) 遵纪守规,杜绝“三违”(违章指挥、违章作业、违反劳动纪律)现象。

(4) 遵守本工种质量标准化标准,按照安全操作规程作业,做到操作标准化。

(5) 参加安全生产培训,掌握煤矿安全知识和实际操作技能。

(6) 做好劳动保护,避免职业伤害。

(7) 工作中随时检查自己所处的作业环境,做到自主保安和相互保安。

(8) 树立安全意识,实现由“要我安全”向“我要安全”和“我能安全”的转变。

## 第二节 法律基础知识及煤矿常见违法行为

法律是由国家制定或认可的、由国家强制力保障实施的、反映统治阶级意志的行为规范的总和。

**一、法律基础知识**

(一) 违法

1. 违法的概念

违法是指不履行法定义务或做出法律禁止的行为;也就是行为人违反法律规定,从而给社会造成危害,有过错的行为。

2. 违法构成

(1) 必须是一种行为。

(2) 必须是侵犯了客体。

(3) 违法的主体必须是有责任能力的人或法人。

(4) 必须是行为者主观上出于故意或过失。

3. 违法分类

(1) 刑事违法:构成犯罪。

(2) 民事违法:违犯《中华人民共和国民法典》(简称《民法典》)等。

(3) 行政违法:违犯行政管理法规。

(4) 违犯《中华人民共和国宪法》(简称《宪法》)。

4. 法律责任

法律责任是指违法者对其违法行为所造成的对社会和受害者的危害应承担的法律后果。

5. 法律制裁

法律制裁是指特定的国家机关对责任主体依其所负的法律责任而实施的惩罚性或保护性强制措施。

(1) 刑事制裁。

刑事制裁是指触犯了刑事法律,国家对刑事违法者给予的法律制裁。这是法律制裁中最为严厉的一种,包括主刑和附加刑。主刑分为管制、拘役、有期徒刑、无期徒刑、死刑;附加刑有罚金、剥夺政治权利、没收财产等。主刑、附加刑可单独使用,也可一并使用。

(2) 民事制裁。

民事制裁是指国家对民事违法者,根据其应承担的法律责任给予的强制性制裁。民事制裁主要有停止侵害、返还财产、赔偿损失、消除影响和恢复名誉、赔礼道歉等。

(3) 行政制裁。

行政制裁是指国家机关或企事业单位对违反法律、法规并应追究其行政责任的违法者给予的制裁。行政制裁包括行政处罚和行政处分两种。

① 行政处罚。它是由国家特定的行政机关对行政违法但又构不成犯罪的单位和个人给予的一种制裁,其形式有警告、罚款、

没收非法财产、责令改正、责令停产整顿、责令停产、吊销执照或许可证等。

② 行政处分。它是指国家机关和企事业单位对其工作人员和职工的违法、违纪和违章所进行的处分，其形式有警告、记过、记大过、降级、降职、撤职、留用察看和开除等。

（二）犯罪

1. 犯罪的概念

犯罪是指危害社会、触犯刑律应该受到刑事处罚的行为，也是严重的违法行为。

《中华人民共和国刑法》（简称《刑法》）第十三条规定，一切危害国家主权、领土完整和安全，分裂国家、颠覆人民民主专政的政权和推翻社会主义制度，破坏社会秩序和经济秩序，侵犯国有财产或者劳动群众集体所有的财产，侵犯公民私人所有的财产，侵犯公民的人身权利、民主权利和其他权利，以及其他危害社会的行为，依照法律应当受刑罚处罚的，都是犯罪，但是情节显著轻微危害不大的，不认为是犯罪。

2. 犯罪的分类

根据犯罪的主观心态，犯罪可分为两种：故意犯罪和过失犯罪。

（1）故意犯罪。

《刑法》第十四条规定，明知自己的行为会发生危害社会的结果，并且希望或者放任这种结果发生，因而构成犯罪的，是故意犯罪。

故意犯罪，应当负刑事责任。

（2）过失犯罪。

《刑法》第十五条规定，应当预见自己的行为可能发生危害社会的结果，因为疏忽大意而没有预见，或者已经预见而轻信能够避免，以致发生这种结果的，是过失犯罪。

过失犯罪,法律有规定的才负刑事责任。

过失犯罪分为疏忽大意的过失和过于自信的过失。

3. 犯罪特征

(1) 具有社会危害性,这是一切犯罪的客观属性。

(2) 刑事违法性,即违反刑事法律的禁令。

(3) 应受到惩罚性,多数情况下,这是犯罪的必然结果。

## 二、煤矿生产中常见的违法行为

根据《中华人民共和国安全生产法》(简称《安全生产法》)、《中华人民共和国矿山安全法》(简称《矿山安全法》)、《中华人民共和国煤炭法》(简称《煤炭法》)、《煤矿安全生产条例》等法律法规,煤矿生产中常见的违法行为有很多,列举如下。

(1) 安全设施和条件不符合国家安全标准、行业安全标准、《煤矿安全规程》和行业技术规范。

(2) 未使用专用器材设备,或使用不符合国家安全标准或者行业安全标准的设备、器材、仪器、仪表、防护用品。

(3) 未按规定进行安全教育和培训。

(4) 煤矿作业场所的瓦斯、粉尘或者其他有毒有害气体的浓度超过标准。

(5) 违章指挥、违章作业、违反劳动纪律等。

(6) 对事故预兆或者已发现的事故隐患不及时采取措施。

(7) 拒绝、阻碍煤矿安全监察机构及安全监察人员现场检查,或者提供虚假情况、隐瞒存在的事故隐患。

(8) 超能力、超强度、超定员("三超")生产。

此外,从业人员、安全管理人员发现他人违章不制止也属于违法行为。

《刑法》中规定的犯罪行为主要有以下几种。

(1) 重大责任事故罪。

《刑法》第一百三十四条第一款规定,在生产、作业中违反有关安全管理的规定，因而发生重大伤亡事故或者造成其他严重后果的，处三年以下有期徒刑或者拘役；情节特别恶劣的，处三年以上七年以下有期徒刑。

（2）强令、组织他人违章冒险作业罪。

强令他人违章冒险作业，或者明知存在重大事故隐患而不排除，仍冒险组织作业，因而发生重大伤亡事故或者造成其他严重后果的，处五年以下有期徒刑或者拘役；情节特别恶劣的，处五年以上有期徒刑。

（3）危险作业罪。

《刑法》第一百三十四条之一规定，在生产、作业中违反有关安全管理的规定，有下列情形之一，具有发生重大伤亡事故或者其他严重后果的现实危险的，处一年以下有期徒刑、拘役或者管制：

① 关闭、破坏直接关系生产安全的监控、报警、防护、救生设备、设施，或者篡改、隐瞒、销毁其相关数据、信息的；

② 因存在重大事故隐患被依法责令停产停业、停止施工、停止使用有关设备、设施、场所或者立即采取排除危险的整改措施，而拒不执行的；

③ 涉及安全生产的事项未经依法批准或者许可，擅自从事矿山开采、金属冶炼、建筑施工，以及危险物品生产、经营、储存等高度危险的生产作业活动的。

（4）重大劳动安全事故罪。

《刑法》第一百三十五条规定，安全生产设施或者安全生产条件不符合国家规定，因而发生重大伤亡事故或者造成其他严重后果的，对直接负责的主管人员和其他直接责任人员，处三年以下有期徒刑或者拘役；情节特别恶劣的，处三年以上七年以下有期徒刑。

（5）危险物品肇事罪。

《刑法》第一百三十六条规定，违反爆炸性、易燃性、放射性、毒害性、腐蚀性物品的管理规定，在生产、储存、运输、使用中发生重大事故，造成严重后果的，处三年以下有期徒刑或者拘役；后果特别严重的，处三年以上七年以下有期徒刑。

(6) 贻误事故抢救(知情不报、谎报、晚报)罪。

《刑法》第一百三十九条之一规定，在安全事故发生后，负有报告职责的人员不报或者谎报事故情况，贻误事故抢救，情节严重的，处三年以下有期徒刑或者拘役；情节特别严重的，处三年以上七年以下有期徒刑。

## 第三节　安全生产法律法规

### 一、我国煤矿安全生产法律法规体系

中华人民共和国成立以来、特别是改革开放以来，我国的立法工作发展较快，煤矿安全生产法律法规体系已经形成，主要有四个层次。

(1) 全国人大及其常务委员会颁布的关于安全生产的法律。

如《中华人民共和国安全生产法》、《中华人民共和国矿山安全法》、《中华人民共和国煤炭法》、《中华人民共和国矿产资源法》(简称《矿产资源法》)、《中华人民共和国劳动法》(简称《劳动法》)、《中华人民共和国职业病防治法》(简称《职业病防治法》)、《中华人民共和国劳动合同法》(简称《劳动合同法》)等。

(2) 国务院颁布的关于安全生产的行政法规。

如《煤矿安全生产条例》《安全生产许可证条例》《煤炭生产许可证管理办法》《国务院关于特大安全事故行政责任追究的规定》《矿山安全法实施条例》《生产安全事故报告和调查处理条例》《关于加强国有重点煤矿安全基础管理的指导意见》《关于加强小煤矿安全基础管理的指导意见》《工伤保险条例》等。

(3) 省(自治区、直辖市)级人民代表大会及其常务委员会颁

布的关于安全生产的地方性法规。

(4) 国务院有关部委、地方政府颁布的安全生产的规章和地方政府规章。

如《安全生产违法行为行政处罚办法》《煤矿安全监察行政处罚办法》《煤矿安全培训规定》《煤矿安全规程》等。

## 二、煤矿安全生产相关法律法规简介

### (一)《安全生产法》

《安全生产法》于2002年6月29日第九届全国人民代表大会常务委员会第二十八次会议通过,自2002年11月1日起施行。2009年8月27日第一次修正,2014年8月31日第二次修正。2021年6月10日,根据第十三届全国人民代表大会常务委员会第二十九次会议《关于修改〈中华人民共和国安全生产法〉的决定》第三次修正。这是我国第一部规范安全生产的综合性基础法律。部分条文如下。

第一条规定,为了加强安全生产工作,防止和减少生产安全事故,保障人民群众生命和财产安全,促进经济社会持续健康发展,制定本法。

第三条规定,安全生产工作坚持中国共产党的领导。

安全生产工作应当以人为本,坚持人民至上、生命至上,把保护人民生命安全摆在首位,树牢安全发展理念,坚持安全第一、预防为主、综合治理的方针,从源头上防范化解重大安全风险。

安全生产工作实行管行业必须管安全、管业务必须管安全、管生产经营必须管安全,强化和落实生产经营单位主体责任与政府监管责任,建立生产经营单位负责、职工参与、政府监管、行业自律和社会监督的机制。

第四条规定,生产经营单位必须遵守本法和其他有关安全生产的法律、法规,加强安全生产管理,建立健全全员安全生产责任制和安全生产规章制度,加大对安全生产资金、物资、技术、人员的投入保障力度，改善安全生产条件，加强安全生产标准化、信息化建设，构建安全风险分级管控和隐患排查治理双重预防机制，健全风险防范化解机制，提高安全生产水平，确保安全生产。

平台经济等新兴行业、领域的生产经营单位应当根据本行业、领域的特点，建立健全并落实全员安全生产责任制，加强从业人员安全生产教育和培训，履行本法和其他法律、法规规定的有关安全生产义务。

第六条规定，生产经营单位的从业人员有依法获得安全生产保障的权利，并应当依法履行安全生产方面的义务。

第七条规定，工会依法对安全生产工作进行监督。

生产经营单位的工会依法组织职工参加本单位安全生产工作的民主管理和民主监督，维护职工在安全生产方面的合法权益。生产经营单位制定或者修改有关安全生产的规章制度，应当听取工会的意见。

第十六条规定，国家实行生产安全事故责任追究制度，依照本法和有关法律、法规的规定，追究生产安全事故责任单位和责任人员的法律责任。

第十八条规定，国家鼓励和支持安全生产科学技术研究和安全生产先进技术的推广应用，提高安全生产水平。

第十九条规定，国家对在改善安全生产条件、防止生产安全事故、参加抢险救护等方面取得显著成绩的单位和个人，给予奖励。

第二十条规定，生产经营单位应当具备本法和有关法律、行政法规和国家标准或者行业标准规定的安全生产条件；不具备安全生产条件的，不得从事生产经营活动。

第二十八条规定，生产经营单位应当对从业人员进行安全生产教育和培训，保证从业人员具备必要的安全生产知识，熟悉有关的安全生产规章制度和安全操作规程，掌握本岗位的安全操作技能，了解事故应急处理措施，知悉自身在安全生产方面的权利和义务。未经安全生产教育和培训合格的从业人员，不得上岗作业。

生产经营单位使用被派遣劳动者的，应当将被派遣劳动者纳入本单位从业人员统一管理，对被派遣劳动者进行岗位安全操作规程和安全操作技能的教育和培训。劳务派遣单位应当对被派遣劳动者进行必要的安全生产教育和培训。

生产经营单位接收中等职业学校、高等学校学生实习的，应当对实习学生进行相应的安全生产教育和培训，提供必要的劳动防护用品。学校应当协助生产经营单位对实习学生进行安全生产教育和培训。

生产经营单位应当建立安全生产教育和培训档案，如实记录安全生产教育和培训的时间、内容、参加人员以及考核结果等情况。

第二十九条规定，生产经营单位采用新工艺、新技术、新材料或者使用新设备，必须了解、掌握其安全技术特性，采取有效的安全防护措施，并对从业人员进行专门的安全生产教育和培训。

第三十条规定，生产经营单位的特种作业人员必须按照国家有关规定经专门的安全作业培训，取得相应资格，方可上岗作业。

特种作业人员的范围由国务院应急管理部门会同国务院有关部门确定。

第五十一条规定，生产经营单位必须依法参加工伤保险，为从业人员缴纳保险费。

国家鼓励生产经营单位投保安全生产责任保险；属于国家规定的高危行业、领域的生产经营单位，应当投保安全生产责任保险。具体范围和实施办法由国务院应急管理部门会同国务院财政部门、国务院保险监督管理机构和相关行业主管部门制定。

第六十一条规定，生产经营单位使用被派遣劳动者的，被派遣劳动者享有本法规定的从业人员的权利，并应当履行本法规定的从业人员的义务。

第一百零九条规定，高危行业、领域的生产经营单位未按照国家规定投保安全生产责任保险的，责令限期改正，处五万元以上十万元以下的罚款；逾期未改正的，处十万元以上二十万元以下的罚款。

第一百一十一条规定，有关地方人民政府、负有安全生产监督管理职责的部门，对生产安全事故隐瞒不报、谎报或者迟报的，对直接负责的主管人员和其他直接责任人员依法给予处分；构成犯罪的，依照刑法有关规定追究刑事责任。

第一百一十四条规定，发生生产安全事故，对负有责任的生产经营单位除要求其依法承担相应的赔偿等责任外，由应急管理部门依照下列规定处以罚款：① 发生一般事故的，处三十万元以上一百万元以下的罚款；② 发生较大事故的，处一百万元以上二百万元以下的罚款；③ 发生重大事故的，处二百万元以上一千万元以下的罚款；④ 发生特别重大事故的，处一千万元以上二千万元以下的罚款。

发生生产安全事故，情节特别严重、影响特别恶劣的，应急管理部门可以按照前款罚款数额的二倍以上五倍以下对负有责任的生产经营单位处以罚款。

（二）《矿山安全法》

该法于 1992 年 11 月 7 日第七届全国人民代表大会常务委员会第二十八次会议通过，1993 年 5 月 1 日起施行。根据 2009 年 8 月 27 日第十一届全国人民代表大会常务委员会第十次会议《关于修改部分法律的决定》修正。

1. 立法目的

防止矿山事故，保护矿山职工的人身安全，促进采矿工业健康发展，健全矿山法制。

2. 立法指导思想

坚持保护矿工生命安全的宗旨，从实际出发，做到安全综合管理部门监督与矿山企业主管部门的管理相结合，国家监察和群众监督相结合，建立健全各级生产和管理人员的安全生产责任制。

3. 主要内容

该法共8章50条。有关主要内容如下。

第七条规定，矿山建设工程的安全设施必须和主体工程同时设计、同时施工、同时投入生产和使用。

第九条规定，矿山设计下列项目必须符合矿山安全规程和行业技术规范：① 矿井的通风系统和供风量、风质、风速；② 露天矿的边坡角和台阶的宽度、高度；③ 供电系统；④ 提升、运输系统；⑤ 防水、排水系统和防火、灭火系统；⑥ 防瓦斯系统和防尘系统；⑦ 有关矿山安全的其他项目。

第十八条规定，矿山企业必须对下列危害安全的事故隐患采取预防措施：① 冒顶、片帮、边坡滑落和地表塌陷；② 瓦斯爆炸、煤尘爆炸；③ 冲击地压、瓦斯突出、井喷；④ 地面和井下的火灾、水害；⑤ 爆破器材和爆破作业发生的危害；⑥ 粉尘、有毒有害气体、放射性物质和其他有害物质引起的危害；⑦ 其他危害。

第二十五条规定，矿山企业工会发现企业行政方面违章指挥、强令工人冒险作业或者生产过程中发现明显重大事故隐患和职业危害，有权提出解决的建议；发现危及职工生命安全的情况时，有权向矿山企业行政方面建议组织职工撤离危险现场，矿山企业行政方面必须及时作出处理决定。

第二十六条规定，矿山企业必须对职工进行安全教育、培训；未经安全教育、培训的，不得上岗作业。矿山企业安全生产的特种作业人员必须接受专门培训，经考核合格取得操作资格证书的，方可上岗作业。

第二十七条规定，矿长必须经过考核，具备安全专业知识，具有领导安全生产和处理矿山事故的能力。矿山企业安全工作人员必须具备必要的安全专业知识和矿山安全工作经验。

第四十四条规定，已经投入生产的矿山企业，不具备安全生产条件而强行开采的，由劳动行政主管部门会同管理矿山企业的主管部门责令限期改进；逾期仍不具备安全生产条件的，由劳动行政主管部门提请县级以上人民政府决定责令停产整顿或者由有关主管部门吊销其采矿许可证和营业执照。

（三）《煤炭法》

该法于1996年8月29日第八届全国人民代表大会常务委员会第二十一次会议通过，1996年12月1日起施行。2009年8月27日第一次修正，2011年4月22日第二次修正，2013年6月29日第三次修正。2016年11月7日，根据第十二届全国人民代表大会常务委员会第二十四次会议《关于修改〈中华人民共和国对外贸易法〉等十二部法律的决定》第四次修正。

1. 立法目的

合理开发利用和保护煤炭资源，规范煤炭生产、经营活动，促进和保障煤炭行业的发展。

2. 主要内容

该法共8章81条。相关内容如下。

第三条规定，煤炭资源属于国家所有。地表或者地下的煤炭资源的国家所有权，不因其依附的土地的所有权或者使用权的不同而改变。

第四条规定，国家对煤炭开发实行统一规划、合理布局、综合利用的方针。

第五条规定，国家依法保护煤炭资源，禁止任何乱采、滥挖破坏煤炭资源的行为。

第九条规定，国家鼓励和支持在开发利用煤炭资源过程中采用先进的科学技术和管理方法。

煤矿企业应当加强和改善经营管理，提高劳动生产率和经济效益。

第十一条规定，开发利用煤炭资源，应当遵守有关环境保护的法律、法规，防治污染和其他公害，保护生态环境。

第二十条规定，煤矿投入生产前，煤矿企业应当依照有关安全生产的法律、行政法规的规定取得安全生产许可证。未取得安全生产许可证的，不得从事煤炭生产。

第二十二条规定，开采煤炭资源必须符合煤矿开采规程，遵守合理的开采顺序，达到规定的煤炭资源回采率。

第四十八条规定，任何单位或者个人不得危害煤矿矿区的电力、通讯、水源、交通及其他生产设施。

禁止任何单位和个人扰乱煤矿矿区的生产秩序和工作秩序。

(四)《煤矿安全生产条例》

该条例于2023年12月18日国务院第21次常务会议通过，2024年1月24日中华人民共和国国务院令第774号公布，自2024年5月1日起施行。

1. 条例的意义

该条例共6章76条。是煤矿安全生产领域的一部基础主干法规，全面总结了近年来煤矿安全生产工作经验，是在贯彻新发展理念、推动安全生产工作高质量发展过程中形成的重要立法成果，对煤矿安全生产工作影响深远。该条例的颁布和实施，有利于全面规范煤矿安全生产工作，进一步落实煤矿企业安全生产主体责任，进一步强化监管监察职责，对促进煤矿安全生产形势稳定好转具有重要意义。

2. 相关主要内容

第三条规定，煤矿安全生产工作坚持中国共产党的领导。

煤矿安全生产工作应当以人为本，坚持人民至上、生命至上，把保护人民生命安全摆在首位，贯彻安全发展理念，坚持安全第一、预防为主、综合治理的方针，从源头上防范化解重大安全风险。

煤矿安全生产工作实行管行业必须管安全、管业务必须管安全、管生产经营必须管安全，按照国家监察、地方监管、企业负责，强化和落实安全生产责任。

第四条规定，煤矿企业应当履行安全生产主体责任，加强安全生产管理，建立健全并落实全员安全生产责任制和安全生产规章制度，加大对安全生产资金、物资、技术、人员的投入保障力度，改善安全生产条件，加强安全生产标准化、信息化建设，构建安全风险分级管控和隐患排查治理双重预防机制，健全风险防范化解机制，提高安全生产水平，确保安全生产。

煤矿企业主要负责人(含实际控制人，下同)是本企业安全生产第一责任人，对本企业安全生产工作全面负责。其他负责人对职责范围内的安全生产工作负责。

第九条规定，县级以上人民政府负有煤矿安全生产监督管理职责的部门、国家矿山安全监察机构及其设在地方的矿山安全监察机构应当建立举报制度，公开举报电话、信箱或者电子邮件地址等网络举报平台，受理有关煤矿安全生产的举报并依法及时处理；对需要由其他有关部门进行调查处理的，转交其他有关部门处理。

任何单位和个人对事故隐患或者安全生产违法行为，有权向前款规定的部门和机构举报。举报事项经核查属实的，依法依规给予奖励。

第十条规定，煤矿企业从业人员有依法获得安全生产保障的权利，并应当依法履行安全生产方面的义务。

第十八条规定，煤矿企业主要负责人对本企业安全生产工作负有下列职责：

(1) 建立健全并落实全员安全生产责任制，加强安全生产标准化建设；

(2) 组织制定并实施安全生产规章制度和作业规程、操作规程；

(3) 组织制定并实施安全生产教育和培训计划；

(4) 保证安全生产投入的有效实施；

(5) 组织建立并落实安全风险分级管控和隐患排查治理双重预防工作机制，督促、检查安全生产工作，及时消除事故隐患；

(6) 组织制定并实施生产安全事故应急救援预案；

(7) 及时、如实报告煤矿生产安全事故。

第十九条规定，煤矿企业应当设置安全生产管理机构并配备专职安全生产管理人员。安全生产管理机构和安全生产管理人员负有下列安全生产职责：

(1) 组织或者参与拟订安全生产规章制度、作业规程、操作规程和生产安全事故应急救援预案；

(2) 组织或者参与安全生产教育和培训，如实记录安全生产教育和培训情况；

(3) 组织开展安全生产法律法规宣传教育；

(4) 组织开展安全风险辨识评估，督促落实重大安全风险管控措施；

(5) 制止和纠正违章指挥、强令冒险作业、违反规程的行为，发现威胁安全的紧急情况时，有权要求立即停止危险区域内的作业，撤出作业人员；

(6) 检查安全生产状况，及时排查事故隐患，对事故隐患排查治理情况进行统计分析，提出改进安全生产管理的建议；

(7) 组织或者参与应急救援演练；

(8) 督促落实安全生产整改措施。

煤矿企业应当配备主要技术负责人，建立健全并落实技术管理体系。

第二十条规定，煤矿企业从业人员负有下列安全生产职责：

(1) 遵守煤矿企业安全生产规章制度和作业规程、操作规程，严格落实岗位安全责任；

(2) 参加安全生产教育和培训，掌握本职工作所需的安全生产知识，提高安全生产技能，增强事故预防和应急处理能力；

(3) 及时报告发现的事故隐患或者其他不安全因素。

对违章指挥和强令冒险作业的行为，煤矿企业从业人员有权拒绝并向县级以上地方人民政府负有煤矿安全生产监督管理职责的部门、所在地矿山安全监察机构报告。

煤矿企业不得因从业人员拒绝违章指挥或者强令冒险作业而降低其工资、福利等待遇，无正当理由调整工作岗位，或者解除与其订立的劳动合同。

第二十四条规定，煤矿企业应当为从业人员提供符合国家标准或者行业标准的劳动防护用品，并监督、教育从业人员按照使用规则佩戴、使用。

煤矿井下作业人员实行安全限员制度。煤矿企业应当依法制定井下工作时间管理制度。煤矿井下工作岗位不得使用劳务派遣用工。

第二十六条规定，煤矿的采煤、掘进、机电、运输、通风、排水、排土等主要生产系统和防瓦斯、防煤(岩)与瓦斯(二氧化碳)突出、防冲击地压、防火、防治水、防尘、防热害、防滑坡、监控与通讯等安全设施，应当符合煤矿安全规程和国家标准或者行业标准规定的管理和技术要求。

煤矿企业及其有关人员不得关闭、破坏直接关系生产安全的监控、报警、防护、救生设备、设施，或者篡改、隐瞒、销毁其相关数据、信息，不得以任何方式影响其正常使用。

第六十四条规定，对存在重大事故隐患仍然进行生产的煤矿企业，责令停产整顿，明确整顿的内容、时间等具体要求，并处 50 万元以上 200 万元以下的罚款；对煤矿企业主要负责人处 3 万元以上 15 万元以下的罚款。

第六十七条规定，发生煤矿生产安全事故，对负有责任的煤矿企业除要求其依法承担相应的赔偿等责任外，依照下列规定处以罚款：

(1) 发生一般事故的,处50万元以上100万元以下的罚款;

(2) 发生较大事故的,处150万元以上200万元以下的罚款;

(3) 发生重大事故的,处500万元以上1 000万元以下的罚款;

(4) 发生特别重大事故的,处1 000万元以上2 000万元以下的罚款。

发生煤矿生产安全事故,情节特别严重、影响特别恶劣的,可以按照前款罚款数额的2倍以上5倍以下对负有责任的煤矿企业处以罚款。

第七十条规定,煤矿企业存在下列情形之一的,应当提请县级以上地方人民政府予以关闭:

(1) 未依法取得安全生产许可证等擅自进行生产的;

(2) 3个月内2次或者2次以上发现有重大事故隐患仍然进行生产的;

(3) 经地方人民政府组织的专家论证在现有技术条件下难以有效防治重大灾害的;

(4) 有《中华人民共和国安全生产法》规定的应当提请关闭的其他情形。

有关地方人民政府作出予以关闭的决定,应当立即组织实施。关闭煤矿应当达到下列要求:

(1) 依照法律法规有关规定吊销、注销相关证照;

(2) 停止供应并妥善处理民用爆炸物品;

(3) 停止供电,拆除矿井生产设备、供电、通信线路;

(4) 封闭、填实矿井井筒,平整井口场地,恢复地貌;

(5) 妥善处理劳动关系,依法依规支付经济补偿、工伤保险待遇,组织离岗时职业健康检查,偿还拖欠工资,补缴欠缴的社会保险费;

(6) 设立标识牌;

(7) 报送、移交相关报告、图纸和资料等;

(8) 有关法律法规规定的其他要求。

(五)《生产安全事故报告和调查处理条例》

《生产安全事故报告和调查处理条例》于2007年3月28日以中华人民共和国国务院令第493号公布,自2007年6月1日起施行。

第九条规定,事故发生后,事故现场有关人员应当立即向本单位负责人报告;单位负责人接到报告后,应当于1小时内向事故发生地县级以上人民政府安全生产监督管理部门和负有安全生产监督管理职责的有关部门报告。情况紧急时,事故现场有关人员可以直接向事故发生地县级以上人民政府安全生产监督管理部门和负有安全生产监督管理职责的有关部门报告。

第十二条规定,报告的内容应包括:事故发生单位概况,事故发生的时间、地点及事故现场情况,事故的简要经过,事故已经造成或者可能造成的伤亡人数等。

发生事故后,事故调查处理过程中最重要的一条原则就是“四不放过”,即事故原因没有查清不放过,事故责任者没有严肃处理不放过,广大职工没有受到教育不放过,防范措施没有落实不放过。煤矿职工要牢记事故教训,提高责任意识、安全意识和自我保护能力,避免安全事故的发生。

(六)《工伤保险条例》

《工伤保险条例》于2003年4月27日以国务院令第375号公布,自2004年1月1日起施行。2010年12月20日,根据《国务院关于修改〈工伤保险条例〉的决定》修订。

有关内容如下。

1. 建立工伤保险基金的目的

保障因工作遭受事故伤害或者患职业病的职工获得医疗救治和经济补偿,促进工伤预防和职业康复,分散用人单位的工伤风险。

2. 缴费原则

用人单位应当按时缴纳工伤保险费。职工个人不缴纳工伤保险费。

3. 工伤认定的申请时限

职工所在单位应当自职工事故伤害发生之日或者被诊断、鉴定为职业病之日起 30 日内，向统筹地区社会保险行政部门提出工伤认定申请。遇有特殊情况，经报社会保险行政部门同意，申请时限可以适当延长。

用人单位未按前款规定提出工伤认定申请的，工伤职工或者其近亲属、工会组织在事故伤害发生之日或者被诊断、鉴定为职业病之日起 1 年内，可以直接向用人单位所在地统筹地区社会保险行政部门提出工伤认定申请。

4. 劳动能力鉴定

职工发生工伤，经治疗伤情相对稳定后存在残疾、影响劳动能力的，应当进行劳动能力鉴定。

劳动能力鉴定是指劳动功能障碍程度和生活自理障碍程度的等级鉴定。

劳动功能障碍分为十个伤残等级，最重的为一级，最轻的为十级。

生活自理障碍分为三个等级：生活完全不能自理、生活大部分不能自理和生活部分不能自理。

5. 关于停工留薪的规定

职工因工作遭受事故伤害或者患职业病需要暂停工作接受工伤医疗的，在停工留薪期内，原工资福利待遇不变，由所在单位按月支付。

停工留薪期一般不超过 12 个月。伤情严重或者情况特殊，经设区的市级劳动能力鉴定委员会确认，可以适当延长，但延长不得超过 12 个月。工伤职工评定伤残等级后，停发原待遇，按照本条例的有关规定享受伤残待遇。工伤职工在停工留薪期满后仍需治疗的，继续享受工伤医疗待遇。

生活不能自理的工伤职工在停工留薪期需要护理的，由所在单位负责。

6. 工伤待遇

工伤及职业病伤残等级对应工伤待遇见表 1-1，一次性工亡及丧葬补助金、供养亲属抚恤金相关规定见表 1-2。

**表 1-1　工伤及职业病伤残等级对应工伤待遇**

| 伤残等级 | 一次性伤残补助金 | 伤残津贴(按月) | 劳动关系 |
|---|---|---|---|
| 一级 | 27 个月的本人工资 | 本人工资的 90% | 保留劳动关系，退出工作岗位 |
| 二级 | 25 个月的本人工资 | 本人工资的 85% | |
| 三级 | 23 个月的本人工资 | 本人工资的 80% | |
| 四级 | 21 个月的本人工资 | 本人工资的 75% | |
| 五级 | 18 个月的本人工资 | 本人工资的 70% | 保留劳动关系，安排适当工作 |
| 六级 | 16 个月的本人工资 | 本人工资的 60% | |
| 七级 | 13 个月的本人工资 | — | 劳动、聘用合同期满终止，或者职工本人提出解除劳动、聘用合同的 |
| 八级 | 11 个月的本人工资 | — | |
| 九级 | 9 个月的本人工资 | — | |
| 十级 | 7 个月的本人工资 | — | |

**表 1-2　一次性工亡及丧葬补助金、供养亲属抚恤金相关规定**

| 类别 | 规定 |
|---|---|
| 一次性工亡补助金 | 上一年度全国城镇居民人均可支配收入的 20 倍 |
| 丧葬补助金 | 6 个月的统筹地区上年度职工月平均工资 |
| 供养亲属抚恤金 | 配偶每月：死亡职工本人工资的 40%；<br>其他亲属每月：死亡职工本人工资的 30%；<br>孤寡老人或孤儿每月：上述标准的基础上增加 10%；<br>核定的各供养亲属的抚恤金之和不应高于因工死亡职工生前的工资 |

（七）《煤矿安全培训规定》

为了加强和规范煤矿安全培训工作，提高从业人员安全素质，防止和减少伤亡事故，2017 年 12 月 11 日国家安全监督管理总局第 16 次局长办公会议审议通过并公布《煤矿安全培训规定》，自 2018 年 3 月 1 日起施行。

第四条规定，煤矿企业是安全培训的责任主体，应当依法对从业人员进行安全生产教育和培训，提高从业人员的安全生产意识和能力。煤矿企业主要负责人对本企业从业人员安全培训工作全面负责。

第二十四条规定，煤矿特种作业人员必须经专门的安全技术培训和考核合格，由省级煤矿安全培训主管部门颁发《中华人民共和国特种作业操作证》（简称“特种作业操作证”）后，方可上岗作业。

第二十五条规定，煤矿特种作业人员在参加资格考试前应当按照规定的培训大纲进行安全生产知识和实际操作能力的专门培训。其中，初次培训的时间不得少于 90 学时。

第三十五条规定，煤矿企业其他从业人员的初次安全培训时间不得少于 72 学时，每年再培训的时间不得少于 20 学时。

第三十六条规定，煤矿企业新上岗的井下作业人员安全培训合格后，应当在有经验的工人师傅带领下，实习满 4 个月，并取得工人师傅签名的实习合格证明后，方可独立工作。工人师傅一般应当具备中级工以上技能等级、3 年以上相应工作经历和没有发生过违章指挥、违章作业、违反劳动纪律等条件。

第三十七条规定，企业井下作业人员调整工作岗位或者离开本岗位一年以上重新上岗前，以及煤矿企业采用新工艺、新技术、新材料或者使用新设备的，应当对其进行相应的安全培训，经培训合格后，方可上岗作业。

（八）《煤矿安全规程》

《煤矿安全规程》于2016年2月25日以国家安全生产监督管理总局令第87号公布，自2016年10月1日起施行。该规程是安全生产法律法规体系的重要组成部分，具有强制性、科学性、规范性、稳定性的特点，在煤矿安全生产领域居于主体规章地位，是安全生产监管、监察、执法的重要依据，是规范煤矿安全生产行为的重要准绳。

现行的《煤矿安全规程》根据2022年1月6日应急管理部令第8号修正，自2022年4月1日起施行。修订的四项主要原则如下。

第一，严格贯彻落实习近平总书记关于安全生产工作的重要论述精神，并衔接适应新修改的《安全生产法》等法律的规定和要求。

第二，深刻汲取近年来的煤矿灾害事故教训，认真分析灾害事故中暴露出的煤矿安全生产和技术管理漏洞及不合理因素，查找影响煤矿安全生产的危险因素和事故隐患。

第三，衔接协调《煤矿防治水细则》《防治煤与瓦斯突出细则》《防治煤矿冲击地压细则》《煤矿防灭火细则》等煤矿安全规范性文件及相关标准，充分体现《煤矿安全规程》在煤矿安全生产领域的主体规章地位。

第四，解决好《煤矿安全规程（2016版）》实施5年多来煤矿现场管理的重要问题，尽量满足煤矿现场的使用需求。

## 第四节　煤矿从业人员的权利和义务

《安全生产法》《矿山安全法》《劳动法》《煤炭法》等法律规定了从业人员在安全生产方面的权利和义务。关心、维护和保障从业人员在安全生产方面的权利，是实现安全生产的重要条件。

## 一、煤矿从业人员在安全生产中的权利

### （一）劳动合同保障权

生产经营单位不得以任何形式与从业人员订立协议免除或者减轻其对从业人员因生产安全事故伤亡依法应承担的责任。

《劳动合同法》第四条规定，用人单位应当依法建立和完善劳动规章制度，保障劳动者享有劳动权利、履行劳动义务。

用人单位在制定、修改或者决定有关劳动报酬、工作时间、休息休假、劳动安全卫生、保险福利、职工培训、劳动纪律以及劳动定额管理等直接涉及劳动者切身利益的规章制度或者重大事项时，应当经职工代表大会或者全体职工讨论，提出方案和意见，与工会或者职工代表平等协商确定。

在规章制度和重大事项决定实施过程中，工会或者职工认为不适当的，有权向用人单位提出，通过协商予以修改完善。

用人单位应当将直接涉及劳动者切身利益的规章制度和重大事项决定公示，或者告知劳动者。

### （二）安全生产危险因素知情权和建议权

煤矿井下生产是很危险的工作，瓦斯、煤尘爆炸，火灾，水灾，顶板灾害等危险因素很多，从业人员有权知道作业场所和工作岗位存在的危险因素、发生规律和防范措施。

### （三）批评、检举、控告权

《安全生产法》第五十四条规定，从业人员有权对本单位安全生产工作中存在的问题提出批评、检举、控告。生产经营单位不得因从业人员对本单位安全生产工作提出批评、检举、控告或者拒绝违章指挥、强令冒险作业而降低其工资、福利等待遇或者解除与其订立的劳动合同。

### （四）拒绝违章指挥权

《煤矿安全规程》第八条规定，从业人员有权制止违章作业，拒绝违章指挥。

（五）不安全状况停止作业权

《安全生产法》第五十五条规定，从业人员发现直接危及人身安全的紧急情况时，有权停止作业或者在采取可能的应急措施后撤离作业场所。

（六）享受工伤保险权

《安全生产法》第五十六条规定，因生产安全事故受到损害的从业人员，除依法享有工伤保险外，依照有关民事法律尚有获得赔偿的权利的，有权向本单位提出赔偿要求。

《煤炭法》第三十七条规定，煤矿企业应当依法为职工参加工伤保险缴纳工伤保险费。鼓励企业为井下作业职工办理意外伤害保险，支付保险费。

（七）安全生产教育培训权

《矿山安全法》第二十六条规定，矿山企业必须对职工进行安全教育、培训；未经安全教育、培训的，不得上岗作业。

矿山企业安全生产的特种作业人员必须接受专门培训，经考核合格取得操作资格证书的，方可上岗作业。

《煤炭法》第三十三条规定，煤矿企业应当对职工进行安全生产教育、培训；未经安全生产教育、培训的，不得上岗作业。

《煤矿安全规程》第九条规定，煤矿企业必须对从业人员进行安全教育和培训。培训不合格的，不得上岗作业。

特种作业人员必须按国家有关规定培训合格，取得资格证书，方可上岗作业。

煤矿从业人员是安全生产事故的受害者，又是安全生产的实施者，对安全生产中的问题和隐患最清楚，有权参与安全管理。通过职工大会、职工代表大会，参与企业有关安全生产规划、管理制度、管理办法、安全技术措施和规章的制定，对不符合党和国家方针政策与法律、法规的规章、制度有权提出修改意见。

此外，2006 年 6 月 7 日，国家安全生产监督管理总局、国家煤矿安全监察局、国家发展和改革委员会、监察部、劳动和社会保障部、国务院国有资产监督管理委员会、中华全国总工会联合发出的《关于加强国有重点煤矿安全基础管理的指导意见》中，赋予井下职工以下十项权利：① 带班人员不下井，工人有权不下井；② 带班人员早出井，工人有权早出井；③ 安全隐患不排查，工人有权不作业；④ 管理人员违章指挥，工人有权不执行；⑤ 没有安全措施，工人有权不开工；⑥ 不组织班前安全学习，工人有权不下井；⑦ 未进行“三位一体”（班长、安全检查员、瓦斯检查员）安全检查，工人有权不开工；⑧ 监测监控系统安装不到位、运行不正常，工人有权不开工；⑨ 不配全合格的劳动保护、防护用品，工人有权不下井；⑩ 避灾路线不标识，工人有权不下井。煤矿不得因上述原因扣发职工工资、辞退职工。

**二、煤矿从业人员在安全生产中的义务**

（1）遵法守纪、服从管理的义务。

《安全生产法》第五十七条规定，从业人员在作业过程中，应当严格遵守本单位的安全生产规章制度和操作规程，服从管理，正确佩戴和使用劳动防护用品。

《煤炭法》第三十三条规定，煤矿企业职工必须遵守有关安全生产的法律、法规、煤炭行业规章、规程和企业规章制度。

（2）接受教育培训、学习安全生产技能的义务。

《安全生产法》第五十八条规定，从业人员应当接受安全生产教育和培训，掌握本职工作所需的安全生产知识，提高安全生产技能，增强事故预防和应急处理能力。

（3）及时报告危险情况，参加抢险救灾的义务。

《安全生产法》第五十九条规定，从业人员发现事故隐患或者其他不安全因素，应当立即向现场安全生产管理人员或者本单位负责人报告；接到报告的人员应当及时予以处理。

（4）正确佩戴、使用劳动保护用品的义务。

### 三、煤矿企业从业人员安全生产职责

《煤矿安全生产条例》第二十条规定，煤矿企业从业人员负有下列安全生产职责。

（1）遵守煤矿企业安全生产规章制度和作业规程、操作规程，严格落实岗位安全责任；

（2）参加安全生产教育和培训，掌握本职工作所需的安全生产知识，提高安全生产技能，增强事故预防和应急处理能力；

（3）及时报告发现的事故隐患或者其他不安全因素。

对违章指挥和强令冒险作业的行为，煤矿企业从业人员有权拒绝并向县级以上地方人民政府负有煤矿安全生产监督管理职责的部门、所在地矿山安全监察机构报告。

煤矿企业不得因从业人员拒绝违章指挥或者强令冒险作业而降低其工资、福利等待遇，无正当理由调整工作岗位，或者解除与其订立的劳动合同。

## 第五节　煤矿安全管理制度

《安全生产法》《煤矿安全规程》等法律法规明确规定，生产经营单位必须建立健全全员安全生产责任制和安全生产规章制度，职工必须遵守企业制定的安全生产管理制度。

### 一、安全生产责任制度

安全生产责任制度是所有安全管理制度的核心，是最基本的安全管理制度。安全生产责任制，按照岗位、职能、权利和责任相统一的原则，明确各层级、各部门、各岗位的安全生产责任和义务，形成人人有责、各负其责、权责清晰的安全生产责任体系。

### 二、安全目标管理制度

安全目标管理制度，应依据政府有关部门或上级下达的安全指标，结合实际制定年度或阶段的安全生产目标，并将指标逐层分

解，明确责任、保证措施、考核和奖惩办法。

**三、安全投入保障制度**

安全投入保障制度，应按国家有关规定建立稳定的安全投入资金渠道，保证新增、改善和更新安全系统、设备、设施，消除事故隐患，改善安全生产条件，进行安全生产宣传、教育、培训、安全奖励，推广应用先进安全技术措施和管理经验，以及应对抢险救灾等均有可靠的资金来源。安全投入应能充分保证安全生产需要，安全投入资金要专款专用。煤矿企业应当编制年度安全技术措施计划，确定项目，落实资金、完成时间和责任人。

**四、安全奖惩制度**

安全奖惩制度是指为了规范职工安全行为，依据“奖惩分明、公平合理”的原则，明确考评人员、奖罚办法、考核方式等内容，对工作人员实施奖励和处罚、起到教育和引导的作用的制度。该制度是激发集体和个人不断前进的有效手段之一。

**五、安全技术审批制度**

安全技术审批制度，要确定各类工程设计、作业规程、安全措施和方案等安全技术审批的内容、程序、标准、时限、审批级别；审批人员职别和资格，编制、审核、审批员的职责、权限和义务。安全技术审批应保证依据充分、正确，内容全面、具体，安全措施可靠，能够有效指导生产施工、作业和操作。

**六、安全教育与培训制度**

安全教育与培训制度，应保证煤矿企业职工掌握本职工作应具备的法律法规知识、安全知识、专业技术知识和操作技能；明确企业职工教育与培训的周期、内容、方式、标准和考核办法；明确相关部门安全教育与培训的职责和考核办法；明确年度安全生产教育与培训计划，确定任务，保证安全培训的条件，落实费用。

**七、安全办公会议制度**

安全办公会议制度，要明确安全办公会议的召开周期、内容、主持人和参加人员，会议应当有完整的记录，载明议定的事项、决定以及落实的人员、措施和期限。会议记录、纪要应纳入档案管理。

### 八、安全监督检查制度

安全监督检查制度，应能保证有效地监督安全生产规章制度、规程、标准、规范等的执行情况；明确安全检查的内容、周期、检查标准、检查方式、负责组织检查的部门和人员、对检查结果的处理办法；对查出的问题和隐患应按要求落实处理，并将结果进行通报及存档。

### 九、事故隐患排查治理制度

事故隐患排查治理制度，应明确领导小组成员及其职责，应能保证及时发现和消除矿井在通风、瓦斯、煤尘、火灾、顶板、机电、运输、爆破、水害和其他方面存在的隐患；明确事故隐患识别、分级、登记、评估、报告、监控和治理标准；按照分级管理的原则，明确隐患治理的责任和义务，并保证隐患治理资金的投入。

### 十、安全风险分级管控工作制度

安全风险分级管控工作制度，应明确安全风险分级管控责任体系；明确安全风险辨识评估范围、方法，能全面辨识矿井各系统、各环节可能存在的安全风险、危害因素以及重大危险源；明确安全风险辨识、评估、管控、公告、报告工作流程；明确安全风险分级管控教育培训要求。

### 十一、入井检身与出入井人员清点制度

入井检身与出入井人员清点制度要明确入井人员禁止带入井下的物品和检查方法；明确人员入井和升井登记、清点和统计、报告办法，保证准确掌握井下作业人数和人员名单，及时发现未能正常升井的人员并查明原因。

### 十二、煤矿领导带班下井制度

煤矿应当建立健全领导带班下井制度，并严格考核。带班下

井制度应当明确带班下井人员、每月带班下井的人数、在井下工作时间、带班下井的任务和职责权限、群众监督和考核奖惩等内容，并要健全下井带班的详细记录，以备检查。

**十三、安全生产标准化管理制度**

安全生产标准化管理制度要明确年度达标计划和考核标准；明确检查周期、考核评级奖惩办法、组织检查的部门和人员等方面的内容。

**十四、矿用设备、器材使用管理制度**

矿用设备、器材使用管理制度，应保证在用设备、器材符合相关标准，保持完好状态；明确矿用设备、器材使用前的检测标准、程序、方法和检验单位、人员的资质；明确使用过程中的检验标准、周期、方法和校验单位、人员的资质；明确维修、更新和报废的标准、程序和方法。

**十五、矿井主要灾害预防管理制度**

矿井主要灾害预防管理制度要明确可能导致重大事故的“一通三防”、防治水、冲击地压、职业危害等主要危险，有针对性地分别制定专门制度，强化管理，加强监控，制定预防措施。

**十六、煤矿事故应急救援制度**

煤矿事故应急救援制度，要制定事故应急救援预案，明确发生事故后的上报时限、上报部门、上报内容、应采取的应急救援措施等。

**十七、安全操作规程管理制度**

操作规程要涵盖从进入操作现场、操作准备到操作结束和离开操作现场全过程的各个操作环节，要分别制定各工种岗位操作规程，明确各工种、岗位对操作人员的基本要求、操作程序和标准，明确违反操作程序和标准可能导致的危险和危害。

**十八、安全生产现场管理制度**

煤矿要建立健全安全生产现场管理制度。该制度要符合现场安全生产管理的相关要求;要明确现场管理人员的职责、权限,现场管理内容和要求以及现场应急处置等方面的内容。

**十九、职业病危害防治制度**

煤矿企业应建立健全职业病危害防治领导机构、防治管理机构,建立健全职业病危害防治制度。

## 第六节 劳动保护

**一、《劳动法》相关规定**

第十六条规定,劳动合同是劳动者与用人单位确立劳动关系、明确双方权利和义务的协议。

建立劳动关系应当订立劳动合同。

第十七条规定,订立和变更劳动合同,应当遵循平等自愿、协商一致的原则,不得违反法律、行政法规的规定。

劳动合同依法订立即具有法律约束力,当事人必须履行劳动合同规定的义务。

第十八条规定,下列劳动合同无效:

(1) 违反法律、行政法规的劳动合同;

(2) 采取欺诈、威胁等手段订立的劳动合同。

无效的劳动合同,从订立的时候起,就没有法律约束力。确认劳动合同部分无效的,如果不影响其余部分的效力,其余部分仍然有效。

劳动合同的无效,由劳动争议仲裁委员会或者人民法院确认。

第二十一条规定,劳动合同可以约定试用期。试用期最长不得超过六个月。

第三十六条规定,国家实行劳动者每日工作时间不超过八小时、平均每周工作时间不超过四十四小时的工时制度。

第三十八条规定,用人单位应当保证劳动者每周至少休息一日。

第五十四条规定，用人单位必须为劳动者提供符合国家规定的劳动安全卫生条件和必要的劳动防护用品，对从事有职业危害作业的劳动者应当定期进行健康检查。

第五十五条规定，从事特种作业的劳动者必须经过专门培训并取得特种作业资格。

第五十六条规定，劳动者在劳动过程中必须严格遵守安全操作规程。

劳动者对用人单位管理人员违章指挥、强令冒险作业，有权拒绝执行；对危害生命安全和身体健康的行为，有权提出批评、检举和控告。

第五十九条规定，禁止安排女职工从事矿山井下、国家规定的第四级体力劳动强度的劳动和其他禁忌从事的劳动。

第六十条规定，不得安排女职工在经期从事高处、低温、冷水作业和国家规定的第三级体力劳动强度的劳动。

第六十一条规定，不得安排女职工在怀孕期间从事国家规定的第三级体力劳动强度的劳动和孕期禁忌从事的劳动。对怀孕七个月以上的女职工，不得安排其延长工作时间和夜班劳动。

第六十三条规定，不得安排女职工在哺乳未满一周岁的婴儿期间从事国家规定的第三级体力劳动强度的劳动和哺乳期禁忌从事的其他劳动，不得安排其延长工作时间和夜班劳动。

第六十四条规定，不得安排未成年工从事矿山井下、有毒有害、国家规定的第四级体力劳动强度的劳动和其他禁忌从事的劳动。

第六十五条规定，用人单位应当对未成年工定期进行健康检查。

第九十三条规定，用人单位强令劳动者违章冒险作业，发生重大伤亡事故，造成严重后果的，对责任人员依法追究刑事责任。

## 二、《职业病防治法》相关规定

第三条规定，职业病防治工作坚持预防为主、防治结合的方针，建立用人单位负责、行政机关监管、行业自律、职工参与和社会监督的机制，实行分类管理、综合治理。

第四条规定，劳动者依法享有职业卫生保护的权利。

用人单位应当为劳动者创造符合国家职业卫生标准和卫生要求的工作环境和条件，并采取措施保障劳动者获得职业卫生保护。

第六条规定，用人单位的主要负责人对本单位的职业病防治工作全面负责。

第七条规定，用人单位必须依法参加工伤保险。

第十三条规定，任何单位和个人有权对违反本法的行为进行检举和控告。有关部门收到相关的检举和控告后，应当及时处理。

第二十二条规定，用人单位必须采用有效的职业病防护设施，并为劳动者提供个人使用的职业病防护用品。

用人单位为劳动者个人提供的职业病防护用品必须符合防治职业病的要求；不符合要求的，不得使用。

第二十四条规定，产生职业病危害的用人单位，应当在醒目位置设置公告栏，公布有关职业病防治的规章制度、操作规程、职业病危害事故应急救援措施和工作场所职业病危害因素检测结果。

对产生严重职业病危害的作业岗位，应当在其醒目位置，设置警示标识和中文警示说明。警示说明应当载明产生职业病危害的种类、后果、预防以及应急救治措施等内容。

第三十条规定，任何单位和个人不得生产、经营、进口和使用国家明令禁止使用的可能产生职业病危害的设备或者材料。

第三十一条规定，任何单位和个人不得将产生职业病危害的作业转移给不具备职业病防护条件的单位和个人。不具备职业病防护条件的单位和个人不得接受产生职业病危害的作业。

第三十三条规定，用人单位与劳动者订立劳动合同（含聘用合同，下同）时，应当将工作过程中可能产生的职业病危害及其后果、职业病防护措施和待遇等如实告知劳动者，并在劳动合同中写明，不得隐瞒或者欺骗。

劳动者在已订立劳动合同期间因工作岗位或者工作内容变更，从事与所订立劳动合同中未告知的存在职业病危害的作业时，用人单位应当依照前款规定，向劳动者履行如实告知的义务，并协商变更原劳动合同相关条款。

用人单位违反前两款规定的，劳动者有权拒绝从事存在职业病危害的作业，用人单位不得因此解除与劳动者所订立的劳动合同。

第三十四条规定，用人单位的主要负责人和职业卫生管理人员应当接受职业卫生培训，遵守职业病防治法律、法规，依法组织本单位的职业病防治工作。

用人单位应当对劳动者进行上岗前的职业卫生培训和在岗期间的定期职业卫生培训，普及职业卫生知识，督促劳动者遵守职业病防治法律、法规、规章和操作规程，指导劳动者正确使用职业病防护设备和个人使用的职业病防护用品。

劳动者应当学习和掌握相关的职业卫生知识，增强职业病防范意识，遵守职业病防治法律、法规、规章和操作规程，正确使用、维护职业病防护设备和个人使用的职业病防护用品，发现职业病危害事故隐患应当及时报告。

第三十五条规定，对从事接触职业病危害的作业的劳动者，用人单位应当按照国务院安全生产监督管理部门、卫生行政部门的规定组织上岗前、在岗期间和离岗时的职业健康检查，并将检查结果书面告知劳动者。职业健康检查费用由用人单位承担。

用人单位不得安排未经上岗前职业健康检查的劳动者从事接触职业病危害的作业；不得安排有职业禁忌的劳动者从事其所禁忌的作业；对在职业健康检查中发现有与所从事的职业相关的健

康损害的劳动者,应当调离原工作岗位,并妥善安置;对未进行离岗前职业健康检查的劳动者不得解除或者终止与其订立的劳动合同。

第三十六条规定,用人单位应当为劳动者建立职业健康监护档案,并按照规定的期限妥善保存。

职业健康监护档案应当包括劳动者的职业史、职业病危害接触史、职业健康检查结果和职业病诊疗等有关个人健康资料。

劳动者离开用人单位时,有权索取本人职业健康监护档案复印件,用人单位应当如实、无偿提供,并在所提供的复印件上签章。

第三十八条规定,用人单位不得安排未成年工从事接触职业病危害的作业;不得安排孕期、哺乳期的女职工从事对本人和胎儿、婴儿有危害的作业。

第三十九条规定,劳动者享有下列职业卫生保护权利:

(1) 获得职业卫生教育、培训;

(2) 获得职业健康检查、职业病诊疗、康复等职业病防治服务;

(3) 了解工作场所产生或者可能产生的职业病危害因素、危害后果和应当采取的职业病防护措施;

(4) 要求用人单位提供符合防治职业病要求的职业病防护设施和个人使用的职业病防护用品,改善工作条件;

(5) 对违反职业病防治法律、法规以及危及生命健康的行为提出批评、检举和控告;

(6) 拒绝违章指挥和强令进行没有职业病防护措施的作业;

(7) 参与用人单位职业卫生工作的民主管理,对职业病防治工作提出意见和建议。

用人单位应当保障劳动者行使前款所列权利。因劳动者依法行使正当权利而降低其工资、福利等待遇或者解除、终止与其订立的劳动合同的,其行为无效。

第四十八条规定，职业病诊断、鉴定过程中，用人单位不提供工作场所职业病危害因素检测结果等资料的，诊断、鉴定机构应当结合劳动者的临床表现、辅助检查结果和劳动者的职业史、职业病危害接触史，并参考劳动者的自述、安全生产监督管理部门提供的日常监督检查信息等，作出职业病诊断、鉴定结论。

劳动者对用人单位提供的工作场所职业病危害因素检测结果等资料有异议，或者因劳动者的用人单位解散、破产，无用人单位提供上述资料的，诊断、鉴定机构应当提请安全生产监督管理部门进行调查，安全生产监督管理部门应当自接到申请之日起三十日内对存在异议的资料或者工作场所职业病危害因素情况作出判定；有关部门应当配合。

医疗卫生机构发现疑似职业病病人时，应当告知劳动者本人并及时通知用人单位。

第五十五条规定，医疗卫生机构发现疑似职业病病人时，应当告知劳动者本人并及时通知用人单位。

用人单位应当及时安排对疑似职业病病人进行诊断；在疑似职业病病人诊断或者医学观察期间，不得解除或者终止与其订立的劳动合同。

疑似职业病病人在诊断、医学观察期间的费用，由用人单位承担。

**三、《工伤保险条例》相关规定**

第四条规定，用人单位应当将参加工伤保险的有关情况在本单位内公示。

用人单位和职工应当遵守有关安全生产和职业病防治的法律法规，执行安全卫生规程和标准，预防工伤事故发生，避免和减少职业病危害。

职工发生工伤时，用人单位应当采取措施使工伤职工得到及时救治。

第十条规定，用人单位应当按时缴纳工伤保险费。职工个人不缴纳工伤保险费。

第十四条规定，职工有下列情形之一的，应当认定为工伤：

(1) 在工作时间和工作场所内，因工作原因受到事故伤害的；

(2) 工作时间前后在工作场所内，从事与工作有关的预备性或者收尾性工作受到事故伤害的；

(3) 在工作时间和工作场所内，因履行工作职责受到暴力等意外伤害的；

(4) 患职业病的；

(5) 因工外出期间，由于工作原因受到伤害或者发生事故下落不明的；

(6) 在上下班途中，受到非本人主要责任的交通事故或者城市轨道交通、客运轮渡、火车事故伤害的；

(7) 法律、行政法规规定应当认定为工伤的其他情形。

第十五条规定，职工有下列情形之一的，视同工伤：

(1) 在工作时间和工作岗位，突发疾病死亡或者在 48 小时之内经抢救无效死亡的；

(2) 在抢险救灾等维护国家利益、公共利益活动中受到伤害的；

(3) 职工原在军队服役，因战、因公负伤致残，已取得革命伤残军人证，到用人单位后旧伤复发的。

职工有前款第(一)项、第(二)项情形的，按照本条例的有关规定享受工伤保险待遇；职工有前款第(三)项情形的，按照本条例的有关规定享受除一次性伤残补助金以外的工伤保险待遇。

第十六条规定，职工符合本条例第十四条、第十五条的规定，但是有下列情形之一的，不得认定为工伤或者视同工伤：

(1) 故意犯罪的；

(2) 醉酒或者吸毒的；

(3) 自残或者自杀的。

第四十二条规定,工伤职工有下列情形之一的,停止享受工伤保险待遇:

(1) 丧失享受待遇条件的;

(2) 拒不接受劳动能力鉴定的;

(3) 拒绝治疗的。

# 第二章　安全生产技术

## 第一节　煤矿地质基本知识

### 一、煤层的形成与赋存特征

#### (一) 煤层的形成

在成煤的古地质年代，大量的高等植物死亡后，堆积的植物遗体经泥炭化作用，转变成泥炭或腐泥。泥炭或腐泥被掩埋后，由于地层下降而沉埋至地下深部，经成岩作用而转变成褐煤。由于温度和压力逐步升高，再经变质作用后转变成烟煤至无烟煤。如图 2-1 所示。

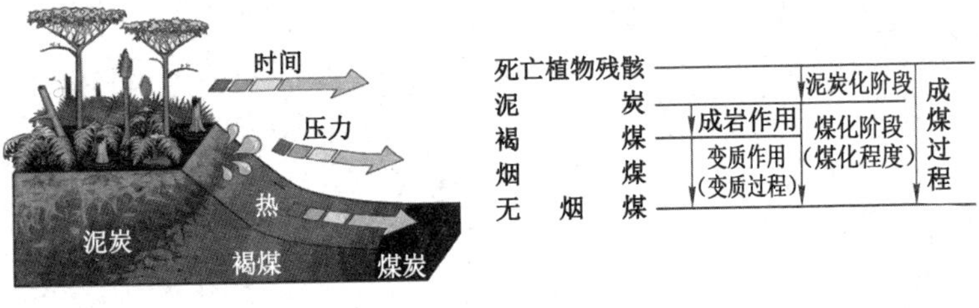


图 2-1　煤层的形成

#### (二) 煤层的顶板与底板

1. 煤层顶板

位于煤层上部、后于煤层形成的岩层称为煤层顶板。根据顶板的岩石性质、距煤层的距离以及垮落的难易程度，一般将煤层顶板分为伪顶、直接顶和基本顶三部分，如图 2-2 所示。

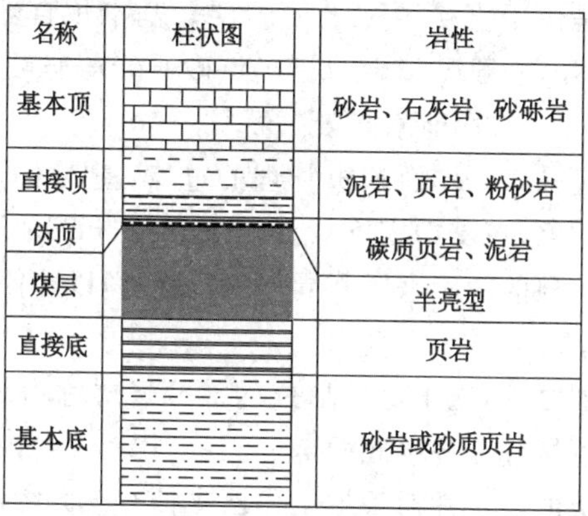


图 2-2　煤层柱状图

(1) 伪顶。

伪顶是直接位于煤层之上、极易垮落的较薄岩层。它由泥岩、碳质页岩等软弱岩层组成，厚度小于 0.5 m，常随采随落。伪顶厚度大时，会导致煤的灰分增加，影响煤炭质量。

(2) 直接顶。

直接顶是位于伪顶或煤层之上的一层或几层相同或不同的岩层。它由泥岩、页岩、粉砂岩等不稳定岩层组成，通常会随回柱放顶而垮落。直接顶的厚度是指回柱放顶后能在采空区自行垮落的岩层厚度，一般为 0.5～2 m。

直接顶破碎时会导致工作面的冒顶事故；反之，直接顶坚硬，不能自行垮落时，会出现采空区大面积悬顶的情况，此时须采取强制放顶的措施，用来保证采煤工作面的安全。所以，直接顶是采掘工作面顶板管理的重点，要求支护设备能够承担直接顶所带来的载荷。若支护设备工作阻力不足，极易出现冒顶事故，造成人员伤亡。

(3) 基本顶。

基本顶是位于直接顶之上的岩层。基本顶自然分层厚度较大,整体性较强,一般由砂岩、石灰岩、砂砾岩等坚硬岩石组成,其厚度大于 2 m,采空后能悬露较大面积。

直接顶是采煤工作面顶板管理的重点,基本顶是采煤工作面顶板控制的对象,在支护密度设计以及支架选型时必须考虑能否有效抵抗基本顶的初次来压和周期来压强度,以确保安全生产。

2. 煤层底板

位于煤层之下,先于煤层形成的部分岩层称为煤层底板。煤层底板分为直接底和基本底两部分。

煤层底板的稳定性对采掘工作面支护有很大影响。如果底板破碎松软或者遇水膨胀出现底鼓,会对巷道的支护、运输带来极大影响。

3. 煤层的形态与结构

煤层埋藏特征受到成煤时期的原始条件和地壳运动的影响而不同。

埋藏在地下的煤层的赋存状态,煤层顶底板岩石性质及含水性,煤层的含瓦斯性及自燃倾向,以及受地质构造影响的程度等,称为煤层的埋藏特征。

根据煤层厚度的变化情况及其对开采的影响,可将煤层分为稳定煤层、较稳定煤层、不稳定煤层和极不稳定煤层。

(1) 稳定煤层:在井田范围内厚度均大于最低可采厚度,厚度的变化有一定规律。

(2) 较稳定煤层:厚度的变化较大,但在井田范围内大多可采,仅局部不可采。

(3) 不稳定煤层:厚度的变化很大,在井田范围内经常出现不可采区。

(4) 极不稳定煤层:煤层常呈鸡窝状、串珠状,断断续续分布,在井田范围内仅局部可采。

根据煤层中有无较稳定的夹石层，可将煤层分为简单结构煤层和复杂结构煤层。

（1）简单结构煤层：煤层中不含夹石层，但仍可能夹杂一些矿物质透镜体或结核。

（2）复杂结构煤层：煤层中常含有较稳定的夹石层。

4. 煤层厚度

煤层厚度指煤层顶板与底板之间的垂直距离，可分为以下三类。

（1）薄煤层：可采厚度小于 1.3 m。

（2）中厚煤层：可采厚度为 1.3～3.5 m。

（3）厚煤层：可采厚度大于 3.5 m。

随着综合机械化采煤技术的发展，一般将厚度大于 6 m 的煤层称为特厚煤层。

煤层厚度直接关系到采煤方法及采煤工艺。神华集团神东煤炭集团的上湾煤矿对于厚度为 8.8 m 的煤层采取一次采全高，无论是采煤机体积结构还是支架的最大支护高度，都处于世界领先地位。而对于特厚煤层，一般采取综采放顶煤的采煤方法开采。

（三）煤矿常见地质构造及对安全生产的影响

煤矿常见地质构造有单斜构造、断裂构造、褶皱构造、陷落柱等，这些地质构造对煤矿的生产和安全都有着不同程度的影响。

1. 单斜构造

在一定范围内，岩层大致向一个方向倾斜的构造形态称为单斜构造。为了更好地形容单斜构造，一般用煤层产状来表述。煤层的产状要素有煤层的走向、倾向和倾角。如图 2-3 所示。

（1）煤层走向：煤层层面和假想水平面的交线叫走向线，如图 2-3 中 *ab* 所示。走向线的延伸方向代表煤层走向。

（2）煤层倾向：在煤层层面上，与走向线垂直并沿倾斜面向下

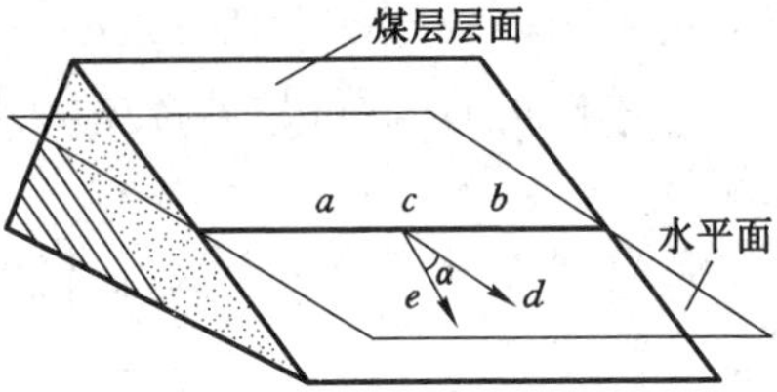


*ab*—走向线；*cd*—倾向线；*ce*—倾斜线；*α*—煤层倾角。

图 2-3　单斜构造

所引的直线称为倾斜线，如图 2-3 中 *ce* 所示。倾斜线在水平面上的投影线称为倾向线，倾向线所指的方向即为煤层的倾向，如图 2-3 中 *cd* 所示。

（3）煤层倾角：煤层面和水平面的夹角叫煤层的倾角。根据倾角的大小，可将煤层分为以下四类。

① 近水平煤层：$\alpha<8°$。

② 缓倾斜煤层：$8°\leqslant\alpha<25°$。

③ 倾斜煤层：$25°\leqslant\alpha\leqslant45°$。

④ 急倾斜煤层：$\alpha>45°$。

单斜构造的倾角大小对开采影响极大。对于近水平煤层，一般采用倾斜长壁采煤法；对于缓倾斜煤层，一般采用走向长壁采煤法；对于急倾斜煤层，一般采用急倾斜煤层的特殊采煤方法。

2. 断裂构造

岩层受力后，作用力超过岩层强度时产生断裂，断裂后的构造形态叫断裂构造。煤岩层断裂后，根据断裂面两侧煤岩体相对位移大小及断裂面的显著程度，可将断裂构造分为节理和断层。

（1）节理。

断裂面两侧的岩层没有发生明显位移的断裂构造叫节理，又称裂隙。

（2）断层。

断裂面两侧的岩层产生明显位移的断裂构造叫断层，如图 2-4 所示。根据断层的形状不同，可将断层分为正断层、逆断层和平移断层，如图 2-5 所示。

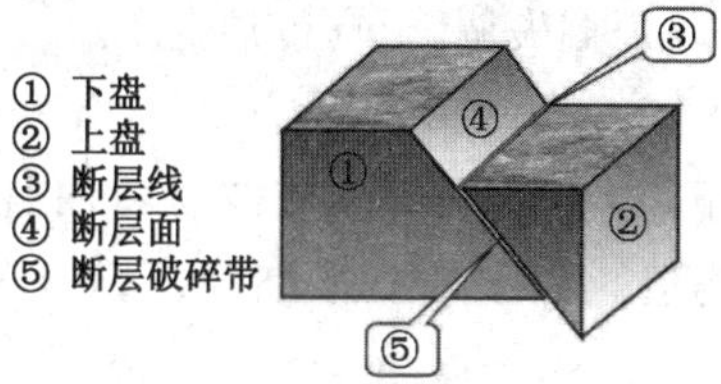


图 2-4　断层构造

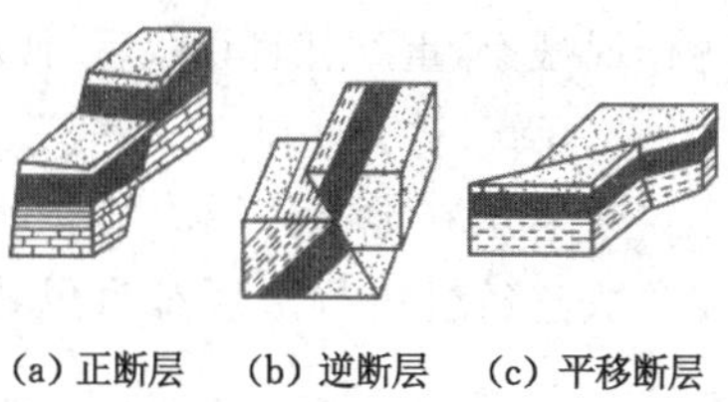


图 2-5　断层的分类

① 正断层：上盘相对下降，下盘相对上升。

② 逆断层：上盘相对上升，下盘相对下降。

③ 平移断层：煤层只是在层面内发生水平位移，没有垂直落差。

(3) 断裂构造对煤矿安全生产的影响

① 采掘工作面遇到断裂构造以后易发生冒顶事故。断裂带有一定的宽度，同时断裂带内煤层的顶底板岩层变得破碎，如不采取相关安全措施，采掘工作面接近断裂带以后容易发生顶板事故，从而给工作面的顶板管理带来很大困难。

② 断层带内可能含有矿井水。断层带波及范围较广，若与含水层、溶洞等连通，地下水进入断裂带内后极易造成水害事故。有时断裂带可直达地表，此时地表水、大气降水也可通过断裂带进入断层带内。

③ 断裂带中可能含有大量瓦斯气体。断裂构造的存在，会加大瓦斯事故发生的可能性。断裂带内的岩层破碎，煤层中的游离状态瓦斯会涌入断裂带中，形成瓦斯库，当采掘工作面接近瓦斯贮存地点时会出现瓦斯异常涌出现象，若不采取相应的安全技术措施，极易发生瓦斯事故。

④ 断层的出现可能导致掘进工作面煤层消失，加大巷道掘进工程量，甚至导致巷道报废。当断距不大时，工作面强行过断层，造成煤机截割强度增加，影响煤质；当断距过大时，需留设保护煤柱，工作面搬家，重新补打切眼等，使矿井采掘失调，影响正常生产。

3. 褶皱构造

煤岩层在地质作用力的影响下，产生变形而形成波状弯曲且未失去连续性的构造形态叫褶皱构造。如图 2-6 所示。

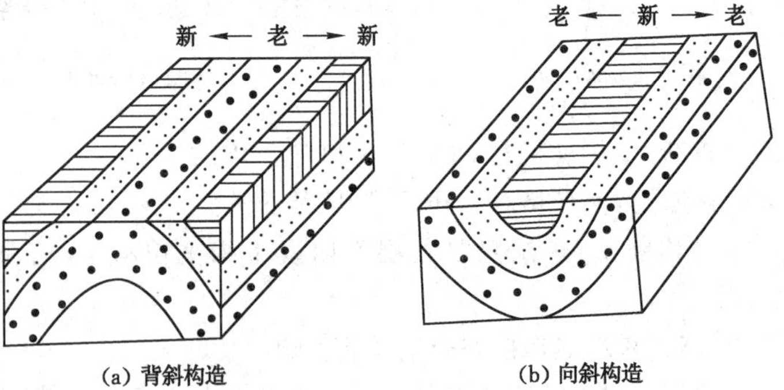


图 2-6　褶皱构造

褶皱中的一个弯曲称为褶曲。褶曲的基本形态分为背斜和向斜两种。背斜中最高的部位叫作背斜的轴，向斜最下面的部位叫作向斜的轴。

褶皱构造对煤矿安全生产的影响主要有以下几个方面。

(1) 增大开采难度。大型的向斜由于其核部煤层埋藏较深，所需开采技术较为复杂。

(2) 给顶板管理带来困难。褶曲轴部裂隙发育，岩层较为破碎，顶板不好管理，容易发生冒顶事故。

(3) 容易引起瓦斯事故。褶曲轴部较为破碎时，是瓦斯涌出的良好通道，也是瓦斯赋存的重要场所，因此易发生瓦斯事故。向斜轴部是瓦斯突出的危险区。

（4）易发生水灾事故。褶曲轴部的裂隙是水贮存的良好场所和涌出的良好通道，因此易发生水灾事故。

4. 陷落柱

煤系地层下部存在厚度很大的可溶性石灰石、白云岩等，由于受地下水的溶蚀作用，形成岩溶空洞，在上覆岩层重力作用下，引起溶洞上部煤系地层塌陷，形成不规则的环形柱状体，即陷落柱。如图 2-7 所示。

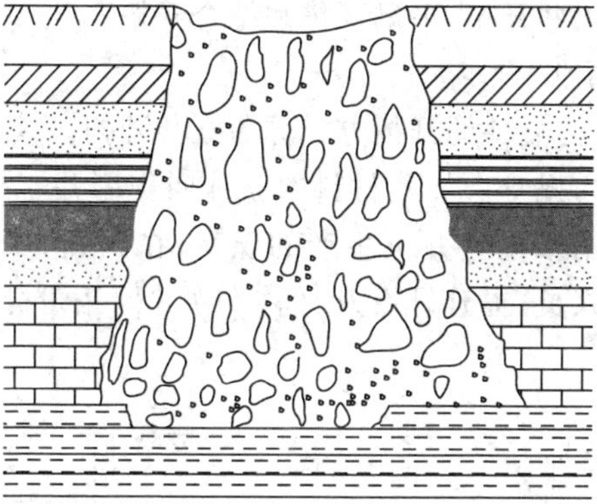

图 2-7　陷落柱

陷落柱对煤矿安全生产的影响主要有以下几个方面。

（1）在陷落柱比较发育的矿区，煤系地层常遭到严重破坏，使煤炭储量减少。

（2）陷落柱破坏了煤层的连续性，给巷道布置、采煤方法的选择造成很多困难。

（3）采煤工作面若遇到陷落柱，整个生产组织将复杂化，对安全生产极为不利。

（4）在富水矿区，陷落柱穿透含水层时，可将地下水导入井巷，对矿井安全生产的威胁极大。

# 第二节 煤矿开采基本知识

## 一、矿井开拓基本知识

### (一) 矿井开拓方式

为了开采地下的煤炭资源,必须在井田内从地面开掘一系列井(筒)巷(道)进入地下煤层,我们把这一系列井巷的设计、开掘统称为井田开拓。按照进入煤层的井硐形式不同,可将井田开拓分为立井开拓、斜井开拓、平硐开拓和综合开拓四种。

1. 立井开拓

主副井均为立井的开拓方式称为立井开拓。其中提升煤炭的立井叫作主井,提升人员及材料的立井叫作副井。在主井中一般都安装箕斗,用来提升井下生产的煤炭;在副井中一般都安装罐笼,用来升降人员、提升矸石及材料。立井开拓可分为多种方式,如图 2-8 所示。

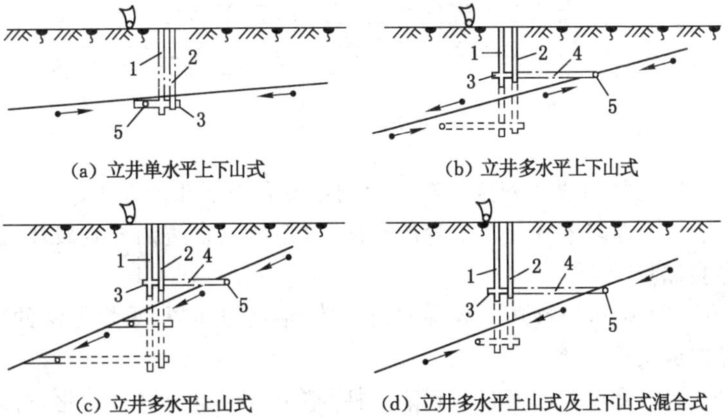


1—主井;2—副井;3—井底车场;4—主要石门;5—开采水平运输大巷。

图 2-8 立井开拓的方式

立井开拓一般适用于煤层埋藏比较深、矿井水文地质条件比较复杂的煤层埋藏条件。

2. 斜井开拓

主副井均为斜井的开拓方式称为斜井开拓。斜井开拓分为片盘斜井和分区斜井两种开拓方式。如图 2-9、图 2-10 所示。

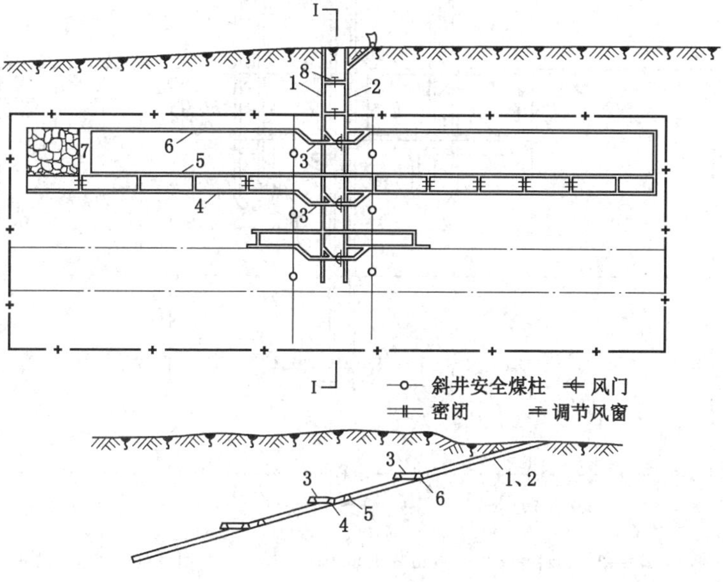


1—主井；2—副井；3—片盘车场；4—阶段运输平巷；5—辅巷；6—阶段回风平巷；7—采煤工作面；8—联络巷。

图 2-9　片盘斜井开拓

根据矿井生产能力、井筒倾角大小不同，斜井开拓的井筒装备也不同。

斜井开拓适用于煤层埋藏较浅、表土层不厚、水文地质条件简单、井筒不需要特殊施工的缓倾斜煤层和倾斜煤层埋藏条件。

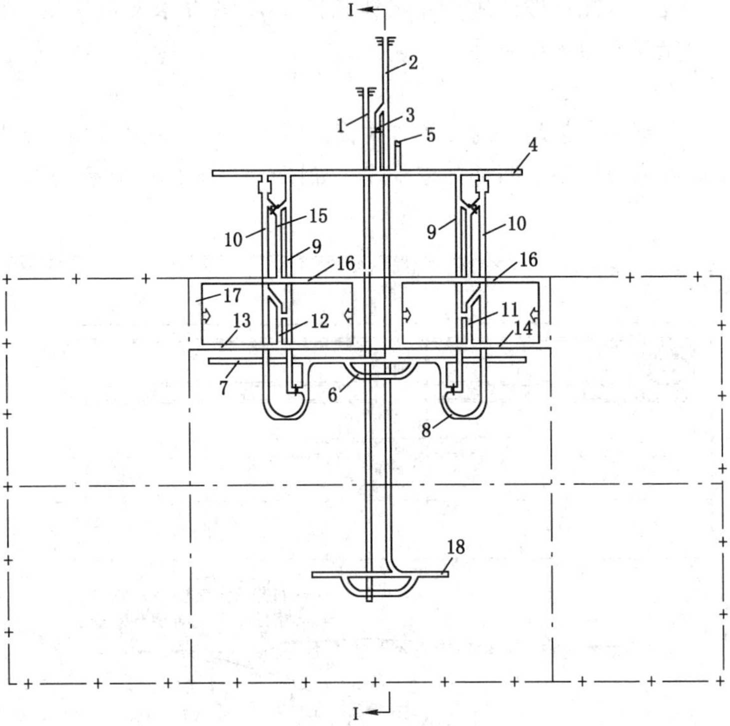


1—主斜井；2—副斜井；3—＋80 m 辅助车场；4—＋80 m 总回风道；5—边界风井；
6—井底车场；7—－100 m 运输大巷；8—采区下部车场；9—采区运输上山；
10—采区轨道上山；11—M4 区段运输平巷；12—区段运输石门；
13—M1 区 段运输平巷；14—M4 区段回风平巷；15—区段回风石门；
16—M1 区段回风平巷；17—采煤工作面；18—－280 m 运输大巷。

图 2-10　分区斜井开拓

3. 平硐开拓

从地面利用水平巷道进入地下煤层的开拓方式称为平硐开拓。

平硐开拓常用在一些山岭和丘陵地区。

根据煤层与平硐的相对位置关系，平硐开拓可分为走向平硐、垂直平硐和斜交平硐。走向平硐和垂直平硐如图 2-11 所示。

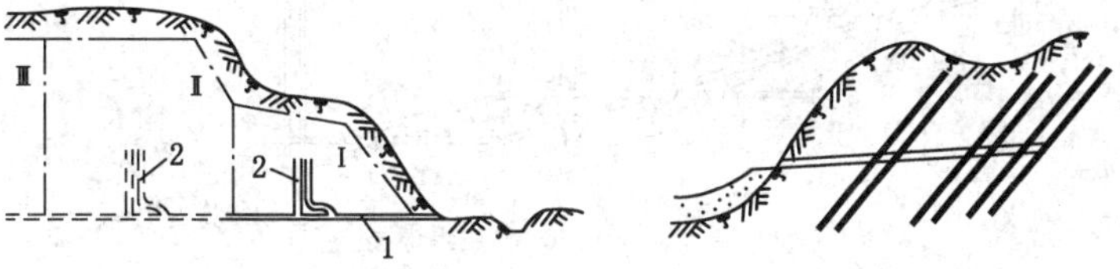


(a) 走向平硐 (b) 垂直平硐

1—主平硐；2—盘区上山。

图 2-11 平硐开拓

平硐开拓是最优的和最简单的开拓方式，其生产系统简单，通过能力大，施工设备简单，施工容易，建设速度比其他方式要快，工期短，出煤快，初期投资少，利于排水，投入与运营成本相对较低，便于运输。

4. 综合开拓

矿井的主副井采用不同的井筒形式进行开拓时，称为综合开拓。常见的综合开拓方式有主斜井-副立井开拓（图 2-12）、平硐-立井开拓等。

（二）矿井生产系统

矿井的生产系统主要有采煤系统，运煤系统，通风系统，运料、排矸系统，排水系统，供电系统，供水系统等。

1. 采煤系统

在采区内布置准备巷道和回采巷道，建立完善的出煤、排矸、运料、通风、排水和供电等生产系统，称为采区巷道布置，亦称采煤系统。

根据不同的地质条件，采用不同的采煤工艺，采煤系统会有很大的差别。但是其巷道的构成是基本一致的，都由采煤工作面或切眼、采煤工作面上下平巷、采区上(下)山或盘区石门等巷道组成。

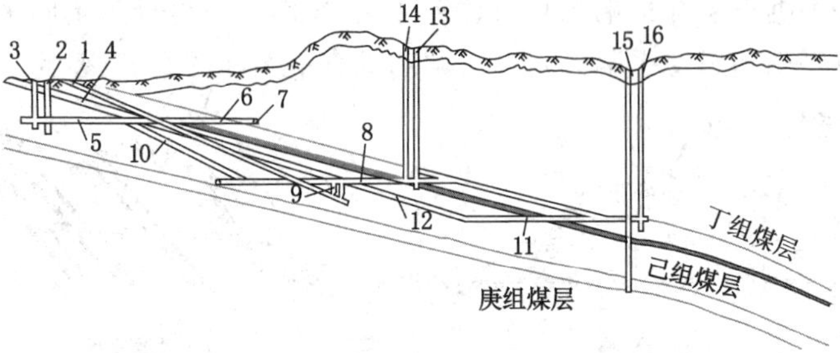


1—主斜井；2—一水平主立井；3—副立井；4—戊组采区回风井；
5，6—一水平戊组和丁组主石门；7—一水平分组运输大巷；
8—二水平主石门；9—二水平井底煤仓；10—二水平暗斜井；
11—三水平主石门；12—三水平暗斜井；13—二水平材料立井；
14—二水平回风立井；15—三水平材料立井；16—三水平回风立井。

图 2-12　大型矿井主斜井-副立井综合开拓

2. 运煤系统

运煤系统是把煤炭从采场运出，通过一些关联的巷道、井（硐），利用一些运输设备将采煤工作面生产的煤炭运送到地面的系统。各种矿井开拓方式、不同的采煤方法都有其独特的和完整的采煤及运输煤炭的方法。

为保证连续生产，一般都在井下布置有采区煤仓和主煤仓用来缓解采运之间的矛盾，以实现均衡生产。

3. 通风系统

风流由进风井口进入矿井后，经过井下备用风场所，并从回风井排出矿井。风流所经过的整个路线及配套的通风设施，总称为通风系统。通风系统包括矿井通风方式、通风方法和通风网络。

4. 运料、排矸系统

煤矿井下掘进、采煤等场所所需的材料、设备，一般情况下都是从地面副井经由井底车场、大巷等运送的。而采煤工作面回收的材料、设备和掘进工作面运出的矸石，又要由与运料时相反的方向运至地面，这就形成了运料、排矸系统。

5. 排水系统

为了保证煤矿的生产安全，井下的自然涌水、工程废水等都必须排至井上。由排水沟、井底水仓及采区水仓、排水泵、排水管路等所形成的系统称为排水系统。

6. 供电系统

矿井的供电系统是非常重要的系统，它主要提供矿井生产的动力电源。

7. 供水系统

井下的供水系统是提供井下生产用水及洒水灭尘不可缺少的系统。

（三）采煤方法与采煤工艺

采煤方法为采煤系统与采煤工艺的总称。根据不同的矿山地质及技术条件，可以将不同的采煤方法与采煤工艺相结合，井田内的地质条件与开采条件的不同，直接影响到采煤方法的选择。采煤方法大体上可归纳为壁式采煤法和柱式采煤法两大体系。这两大体系的采煤方法在巷道布置、运输方式和采煤工艺上都有很大区别，采煤设备也不相同。世界上除美国等少数国家以柱式采煤法为主外，其他各主要产煤国都以壁式采煤法为主。

采煤工艺包括采煤工作面的破煤、装煤、运煤、支护及采空区处理。根据采煤工作面机械化程度不同，可分为爆破采煤、普通机械化采煤和综合机械化采煤。

1. 爆破采煤工艺

爆破采煤也称炮采，其工艺过程包括爆破落煤、装煤、运煤、炮采工作面的支护和采空区处理等。

(1) 爆破落煤。

爆破落煤是指先由采煤工人用煤电钻在煤壁上打眼（视煤层的厚度可打单排眼、双排眼或三排眼），眼深一般为 1～1.5 m，并向炮眼内安装炸药、雷管和填塞炮泥，再由爆破工人用专门的起爆器爆破。图 2-13 为单排眼布置爆破落煤。

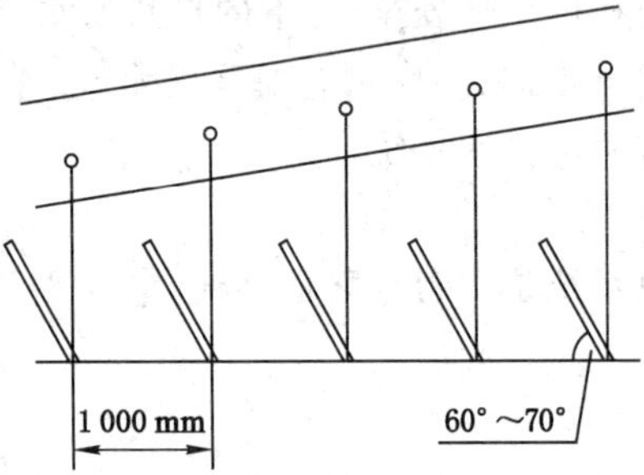


图 2-13　单排眼布置爆破落煤

(2) 装煤与运煤。

爆破后炸碎的煤堆积在煤层及底板上，需要用人力装入刮板输送机运出。工作面运煤是炮采工作面实现机械化的唯一工序。

(3) 炮采工作面的支护和采空区处理。

炮采工作面通常采用单体液压支柱配合金属铰接顶梁或者Ⅱ形梁支护。其布置方式有齐梁直线柱和错梁直线柱两种。一般根据直接顶的岩性采用 3～4 排管理。炮采工作面支护方式如图 2-14 所示。

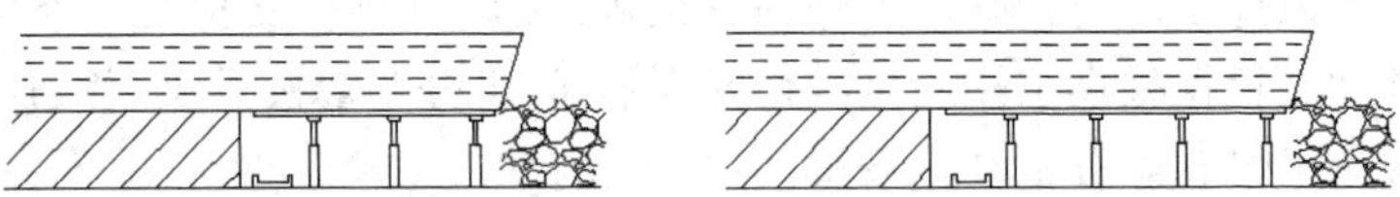

(a) 最小控顶距　　(b) 最大控顶距

图 2-14　炮采工作面支护方式

炮采工作面采用单体支柱配合金属顶梁支护，在支护到人工回柱放顶过程中，由于支护强度较小加之是单体支柱，故而容易发生冒顶事故。

采空区处理方法一般为全部垮落法，即采煤工作面达到最大控顶距时，有计划地回收采空区一侧1～2排支柱，使顶板自然垮落，以减轻工作面支柱上的压力。同时，将垮落的直接顶充填于采空区内，以减轻基本顶对工作面的压力。

(4) 炮采工作面的安全问题。

炮采工作面常出现炮烟中毒、拒爆、放空炮、爆破崩人、爆破崩倒支架及爆破引燃瓦斯等安全问题。

2. 普通机械化采煤工艺

普通机械化采煤工作面安装有单滚筒或双滚筒浅截齿采煤机、可弯曲刮板输送机、金属摩擦支柱或单体液压支柱、金属铰接顶梁以及液压千斤顶等设备。采煤工作面回采工艺的落煤、装煤和运煤实现了机械化，而支护和采空区处理需要由人工完成。

普采工作面采用单滚筒采煤机割煤，在割煤的同时，利用滚筒上的螺旋叶片将煤推入工作面的刮板输送机溜槽内。为了采煤机能顺利割煤，需要在工作面的两端人工打眼爆破开出切口，配合采煤机完成进刀工作。

3. 综合机械化采煤

综合机械化采煤是指采煤工作面的落煤、装煤、运煤、支护和采空区处理等主要工序全部实现了机械化。综采工作面的主要设备是自移式液压支架、采煤机、可弯曲刮板输送机和端头支护设备(端头支架)。

(1) 综采工作面设备布置。

综采工作面设备有大功率的双滚筒采煤机、大功率的双中心链可弯曲刮板输送机、自移式液压支架、桥式转载机、可伸缩带式输送机，实现了采煤全过程机械化。动力装置有移动变电站和乳化液泵站。综采工作面设备布置如图2-15所示。

(2) 综采工作面破煤。

综采工作面采用双滚筒采煤机，如图2-16所示。

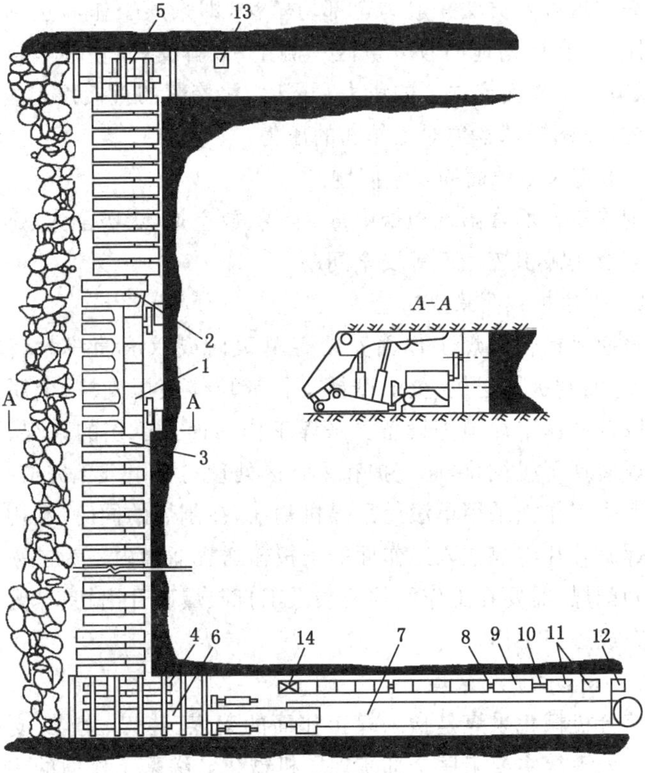


1—采煤机；2—刮板输送机；3—液压支架；4—下端头支架；
5—上端头支架；6—转载机；7—可伸缩带式输送机；
8—配电箱；9—乳化液泵站；10—设备列车；11—移动变电站；
12—喷雾泵站；13—液压安全绞车；14—集中控制台。

图 2-15 综采工作面设备布置图

① 综采工作面采煤机进刀方式。

双滚筒采煤机有自开缺口的能力。目前综采工作面大多采用端头或中部斜切进刀方式。图 2-17 为双滚筒采煤机端部割三角煤斜切进刀方式。

图 2-16　双滚筒采煤机

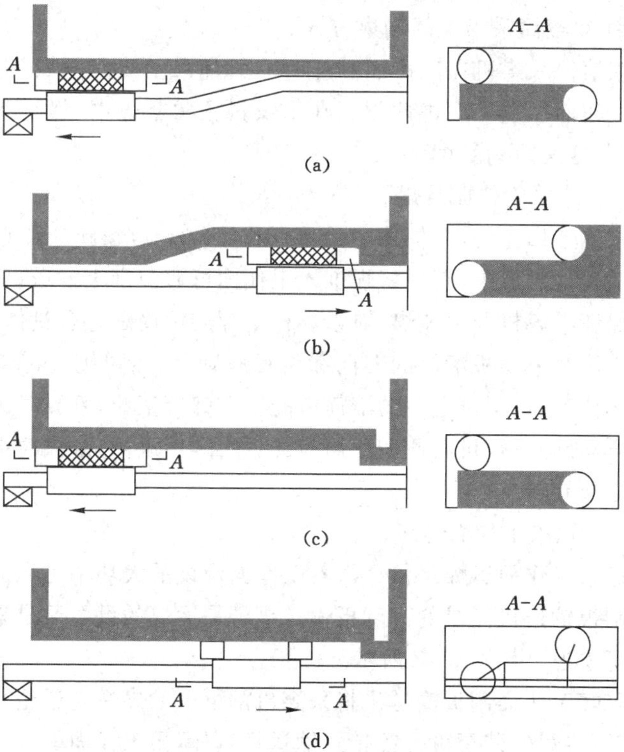


图 2-17　双滚筒采煤机端部割三角煤斜切进刀方式

图 2-17(a):当采煤机割至工作面端头时,其后方一定距离以外的输送机已移近煤壁,前后滚筒间尚留有一段底煤。

图 2-17(b):调换滚筒位置,前滚筒降下,后滚筒升起,并沿输送机弯曲段反向割入煤壁,直至输送机直线段为止,而后将输送机移直。

图 2-17(c):调换两个滚筒的上、下位置,重新返回割三角煤至输送机机头处,机身处留有一段底煤。

图 2-17(d):再次调换滚筒的上、下位置,采煤机上行,将机身下的底煤割掉。煤壁割直后,上行正常割煤。

② 双滚筒采煤机的割煤方式。

双滚筒采煤机在工作面割煤时一般都采用双向割煤,即采煤机在工作面往返一次进两刀。在采煤机正常割煤中,都是前滚筒割顶煤,后滚筒割底煤。

(3) 综采工作面装煤。

综采工作面装煤,依靠的是采煤机滚筒上的螺旋叶片在采煤机滚筒转动割煤中,直接将煤推入工作面可弯曲刮板输送机槽内。为了保证采煤机顺利装煤,对采煤机的螺旋滚筒配置有具体规定。

双滚筒采煤机滚筒的转向和位置原则是:当司机在采煤工作面操作位置时,司机左侧的滚筒应配置左螺旋滚筒,割煤时滚筒逆时针方向旋转;司机右侧的滚筒应配置右螺旋滚筒,割煤时滚筒顺时针方向旋转。

(4) 综采工作面运煤。

综采工作面运煤是依靠沿着工作面铺设的大功率可弯曲双中心链刮板输送机完成的。刮板输送机既是运煤的设备又是采煤机的运行轨道。如图 2-18 所示。

采煤工作面刮板输送机将采煤机割下来的煤炭先运至平巷转载机,再将煤转载至可伸缩带式输送机,以运出工作面。

(5) 综采工作面支护及采空区处理。

图 2-18　可弯曲刮板输送机

液压支架是综采工作面的主要标志。它由顶梁、底座、推移千斤顶、立柱、控制装置等组成。按其与围岩的相互作用方式，液压支架可分为支撑式液压支架、掩护式液压支架和支撑掩护式液压支架三种。

① 支撑式液压支架（垛式支架）：顶梁较长，支撑力大，一般为四柱，切顶性能较好，适用于顶板坚硬完整、周期压力明显和底板较硬的薄及中厚煤层。如图 2-19 所示。

② 掩护式液压支架：支架的顶梁较长，有一个整体的掩护板可将工作空间和采空区完全隔开，适用于中等稳定和易于冒落的顶板。如图 2-20 所示。

③ 支撑掩护式液压支架：以支撑为主，兼有隔离采空区矸石的能力。它的作用介于支撑式液压支架和掩护式液压支架之间，是目前重点发展的架型。如图 2-21 所示。

各种类型支架的动作原理基本相同，均用高压乳化液作为动力。支架的操作由操纵阀控制，可在本架、邻架或分组控制。

综采工作面在移架过程中，采空区后方悬露的直接顶在矿山压力的作用下一般会自然垮落，如果直接顶坚硬、悬顶距离过大，

图 2-19　支撑式液压支架

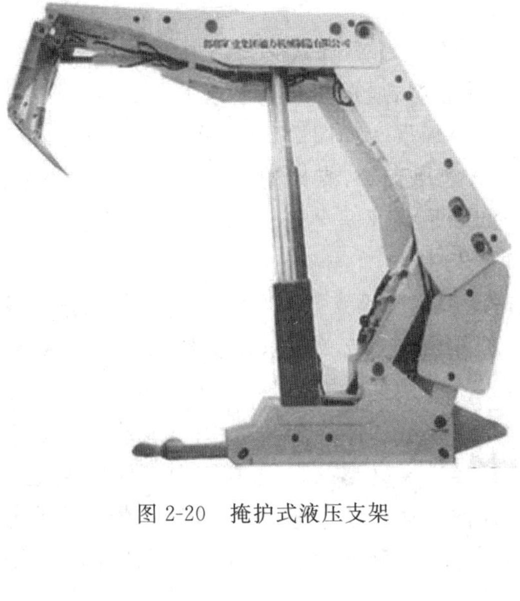

图 2-20　掩护式液压支架

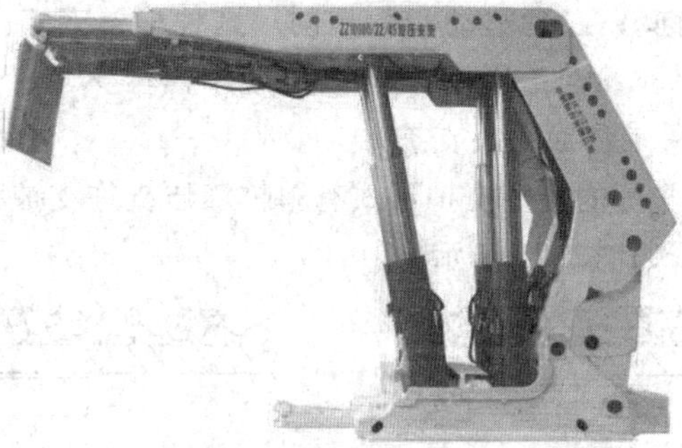

图 2-21　支撑掩护式液压支架

就必须进行强制放顶以减轻支架上方的压力。综采工作面的移架方式有依次顺序式移架、分组间隔交错式移架和分组整体依次顺序式移架三种。

① 依次顺序式移架：又称单架连续式移架，支架沿采煤机牵引方向依次前移，移动步距等于截深，支架移成一条直线。该方式操作简单，容易保证规格质量，能适应不稳定顶板，应用较多。

② 分组间隔交错式移架：移架速度快，适用于顶板较稳定的工作面。

③ 分组整体依次顺序式移架：每次移 1 组，每组 2～3 架。该方式适用于煤层地质条件好、采煤机快速牵引割煤的日产万吨综采工作面。

(6) 综采工作面工序配合方式。

综采工作面主要工序有采煤机割煤、移架、推移输送机等，其配合方式如下。

① 及时支护方式。采煤机割煤以后，支架依次或分组跟机立即前移，输送机随移架逐段移向煤壁，推移步距等于采煤机的截深。

② 滞后支护方式。割煤以后，输送机首先逐段移向煤壁，支

架随输送机前移,二者移动步距相同。这种移架方式由于顶板的空顶时间较长,不利于顶板管理,所以应用比较少。

(7) 综采工作面端头支护。

综采工作面的端头支护形式有单体液压支柱支护和自移式端头支架支护,如图 2-22 所示。

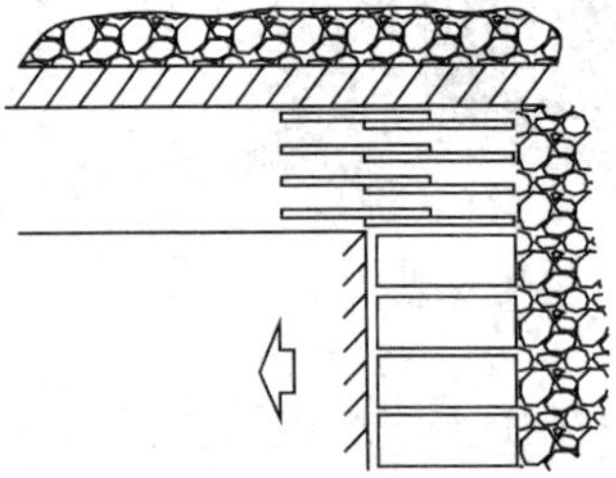

(a) 单体液压支柱支护

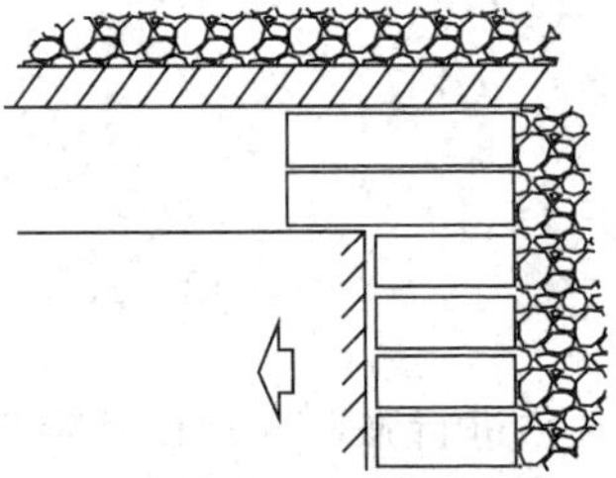

(b) 自移式端头支架支护

图 2-22 综采工作面端头支护形式

① 单体液压支柱支护,如图 2-22(a)所示。该支护方式与普通机械化采煤工作面相同,优点是适应性强,缺点是支护能力较小,劳动强度大。

② 自移式端头支架支护,如图 2-22(b)所示。该支护方式是在工作面上下缺口处各布置两架端头支架,优点是支护能力强、移动速度快,缺点是对平巷条件适应性比较差。

现场工作中端头支架形式要根据具体工作条件选择。

(8) 综采工作面安全管理面临的问题。

① 人为因素造成的安全问题。

造成安全隐患的人为原因主要有:矿工的专业素质不高、文化程度较低,矿工队伍的素质与新技术、新装备的发展不相适应,班组管理不严谨、内部责权利分工不清晰,岗前的安全技术培训未落到实处,安全生产的制度、方针政策以及措施等未落实到矿工身上。

② 设备因素造成的安全问题。

机械设备因素是造成煤矿综采工作产生安全隐患的主要原因之一，其中较为常发的主要有顶板事故、运输事故和机电事故等。机械设备的使用和维修不当、设备的维护检查不合格等原因导致的工作面涌水、瓦斯爆炸、顶板事故以及粉尘爆炸等事故时有发生。

③ 环境因素造成的安全问题。

环境因素是导致煤矿事故发生的基础因素，也是影响煤矿综采工作面安全的重要因素。环境因素主要包括湿度、温度、照度、瓦斯、噪声和生产空间等。矿井下的生产环境非常恶劣，对人的生理和心理健康状况都会产生消极影响。同时，恶劣的生产环境也会对机械设备造成严重的影响和破坏。

④ 煤矿安全管理的系统分析。

基础安全管理和动态安全管理是煤矿安全管理的两个主要方面。在目前煤矿综采工作面的安全管理中，安全管理的结构不完善、监管力度不够、安全管理的检查和评估标准存在缺陷等，导致安全管理系统的评估标准不统一、评估结果缺乏可信度，使煤矿安全评估工作无法制度化和系统化。

4. 特厚煤层采煤法

煤层厚度超过 6 m 时，采用长壁工作面一次采全高比较困难。采高越大，顶板越不易控制，对支护设备材料和结构的要求也越高，安全越难保证。为克服这些困难，可将厚煤层进行分层依次开采，或者采用放顶煤开采方法。

(1) 特厚煤层分层采煤法。

特厚煤层的分层方法主要有倾斜分层、水平分层和斜切分层三种。

① 倾斜分层：沿煤层的倾斜方向，在煤层厚度上将煤层分为若干个分层，各分层的顶板与煤层顶底板平行。在各分层内布置

工作面,各分层依次或同时开采。这种方法适用于开采倾斜及以下的特厚煤层。

② 水平分层:把特厚煤层划分为与水平面平行的若干分层。水平分层适用于开采急斜特厚煤层。

③ 斜切分层:沿煤层走向从顶板以一定的角度将煤层分为若干分层。

(2) 特厚煤层放顶煤采煤法。

放顶煤采煤法是在特厚煤层的某一底部位置布置采煤工作面,其回采工艺与缓斜厚及中厚煤层长壁回采工艺基本相同,但是多了一个利用矿山压力措施将顶煤一起放落的工艺过程。

放顶煤采煤法包括以下四种类型。

① 一次采全厚放顶煤开采。它是在煤层底板布置采煤工作面,在采落的同时放落顶板。该方法一般适用于厚度为 6～12 m 的缓斜特厚煤层。我国在放顶煤采煤中主要使用这种方法。

② 预采顶分层放顶煤开采。具体方法是:先沿煤层顶板布置一个普通一次采全高的长壁工作面,预采顶分层;再沿煤层底板布置放顶煤工作面,将两个工作面之间的顶煤放出。这种方法适用于直接顶坚硬、不易冒落,或者煤层中瓦斯含量大、需要预先排放瓦斯的煤层。

③ 倾斜分段放顶煤开采。当煤层厚度超过 15～20 m 时,可自煤层顶板至底板将煤层分成若干个分段,依次进行放顶煤开采。该方法一般适用于厚度在 15～20 m 以上的煤层。

④ 急倾斜特厚煤层水平分段放顶煤开采。该方法沿垂直高度自上而下分段逐个布置水平或倾斜工作面进行放顶煤开采。

# 第三章　矿井通风基础

## 第一节　矿 井 空 气

### 一、地面空气的组成

地面空气是由干空气和水蒸气组成的混合气体，通常称为湿空气。干空气是指完全不含有水蒸气的空气，是由氧气（$O_2$）、氮气（$N_2$）、二氧化碳（$CO_2$）、氩气（Ar）、氖气（Ne）和其他一些微量气体组成的混合气体。干空气的组成成分比较稳定，如表 3-1 所示。

**表 3-1　干空气的组成成分**

| 气体名称 | 按体积计/% | 按质量计/% |
| --- | --- | --- |
| 氧气（$O_2$） | 20.94 | 23.14 |
| 氮气（$N_2$） | 78.09 | 75.53 |
| 二氧化碳（$CO_2$） | 0.03 | 0.05 |
| 稀有气体 | 0.94 | 1.28 |

湿空气中仅含有少量的水蒸气，但其含量的变化会引起湿空气的物理性质和状态发生变化。

### 二、矿井空气和气候

#### （一）矿井空气主要成分及其性质

地面空气进入矿井采掘地点以后，由于受到污染，其成分和性质会发生一系列的变化。如氧气含量降低，二氧化碳含量升高；混入各种有毒、有害气体和矿尘；空气的状态参数（温度、湿度、压力等）发生改变等。一般将井巷中没经过用风地点、受污染程度较轻的进风巷道内的空气，称为新鲜空气；将经过用风地点、受污染程度较重的回风巷道内的空气，称为污浊空气或乏气。

尽管矿井空气与地面空气相比，在性质上存在许多差异，但进入矿井的新鲜空气的主要成分仍然是氧气、氮气和二氧化碳。

1. 氧气

氧气是维持人体正常生理机能所需要的气体。人类在生命活动过程中，必须不断吸入氧气、呼出二氧化碳。人体维持正常生命过程所需的氧气量取决于人的体质、精神状态和劳动强度等。当空气中的氧浓度降低时，人体就可能产生不良的生理反应，出现种种不舒适的症状，严重时可能导致缺氧死亡。人体缺氧症状与空气中氧浓度的关系如表 3-2 所示。

**表 3-2　人体缺氧症状与空气中氧浓度的关系**

| 氧浓度(体积)/% | 主要症状 |
|---|---|
| 17 | 静止时无影响，工作时能引起喘息和呼吸困难 |
| 15 | 呼吸及心跳急促，耳鸣目眩，感觉和判断能力降低，丧失劳动能力 |
| 10～12 | 失去理智，时间稍长有生命危险 |
| 6～9 | 失去知觉，呼吸停止，如不及时抢救，几分钟内便可导致死亡 |

造成矿井空气中氧浓度降低的主要原因有：人员呼吸，煤岩和其他有机物的缓慢氧化，煤炭自燃，瓦斯、煤尘爆炸。此外，煤岩和生产过程中产生的各种有害气体，也会使空气中的氧浓度相对降低。所以，在井下通风不良的地点，空气中的氧浓度可能显著降低，如果不经检查而贸然进入，可能引起人员缺氧窒息。

2. 二氧化碳

二氧化碳不助燃，也不能供人呼吸，略带酸臭味。二氧化碳比空气重，与空气的相对密度为1.52。在风速较小的巷道中，底板附近的二氧化碳浓度较大；在风速较大的巷道中，二氧化碳一般能与空气均匀地混合。

新鲜空气中含有微量的二氧化碳对人体是无害的。二氧化碳对人体的呼吸中枢神经有刺激作用，如果空气中完全不含有二氧化碳，则人体的正常呼吸功能就不能维持。所以在抢救遇险者进行人工输氧时，往往要在氧气中加入5%的二氧化碳，以刺激遇险者的呼吸机能。但当空气中二氧化碳的浓度过高时，也将使空气中的氧浓度相对降低，轻则使人呼吸加快、呼吸量增加，严重时可能造成人员中毒或窒息。

矿井空气中二氧化碳的主要来源有：煤和坑木的氧化；碳酸型岩石的分解；从煤层或围岩中涌出；井下火灾或者火区内；井下爆破作业；人员呼吸；瓦斯、煤尘爆炸等。

3. 氮气

氮气是一种惰性气体，是新鲜空气的主要成分，它本身无毒，不助燃，也不供呼吸。若空气中氮气浓度升高，则势必造成氧浓度相对降低，从而可能导致对人员的窒息性伤害。正因为氮气为惰性气体，因此可将其用于井下防灭火和防止瓦斯爆炸。

矿井空气中氮气的主要来源有：井下爆破和生物的腐烂及从煤岩层中涌出。

（二）矿井主要有害气体及其主要性质

1. 一氧化碳（CO）

一氧化碳是一种无色、无味、无臭的气体，相对密度为0.97，微溶于水，能与空气均匀地混合。一氧化碳能燃烧，当空气中一氧化碳的浓度在13%～75%时有爆炸危险。

一氧化碳与人体血液中血红素的亲和力比氧大250～300倍。一氧化碳进入人体后，首先与血液中的血红素相结合，因而减少了血红素与氧结合的机会，使血红素失去输氧的功能，从而造成人体血液“窒息”。所以,医学上又将一氧化碳称为血液窒息性气体。

矿井空气中一氧化碳的主要来源有:井下爆破,矿井火灾,煤炭自燃以及煤尘、瓦斯爆炸等。

2. 硫化氢($H_2S$)

硫化氢无色、微甜、有浓烈的臭鸡蛋味,当空气中硫化氢的浓度达到0.000 1%时即可嗅到,但当浓度较高时,因嗅觉神经中毒麻痹,反而嗅不到。硫化氢的相对密度为1.19,易溶于水,在常温、常压下一个体积的水可溶解2.5个体积的硫化氢,所以它可能积存于旧巷的积水中。硫化氢能燃烧,当空气中硫化氢的浓度为4.3%~45.5%时有爆炸危险。

硫化氢有剧毒,有强烈的刺激作用,不但能引起鼻炎、气管炎和肺水肿,而且能阻碍生物的氧化过程,使人体缺氧。当空气中硫化氢浓度较低时,以腐蚀刺激作用为主;浓度较高时,能引起人员迅速昏迷或死亡,腐蚀刺激作用往往不明显。

空气中硫化氢的主要来源有有机物腐烂、含硫矿物的水解、矿物氧化和燃烧、从老空区和旧巷积水中放出等,我国有些矿区的煤层中也有硫化氢涌出。

3. 二氧化氮($NO_2$)

二氧化氮是一种褐红色的气体,有强烈的刺激性气味,相对密度为1.59,易溶于水。二氧化氮溶于水后会生成腐蚀性很强的硝酸,对眼睛、呼吸道黏膜和肺部组织有强烈的刺激及腐蚀作用,严重时可引起肺水肿。二氧化氮中毒有潜伏期,有些人在严重中毒时尚无明显感觉,还可坚持工作,但6~24 h后症状发作,中毒者的手指头会出现黄色斑点,并出现严重的咳嗽、头痛、呕吐症状,甚至死亡。

矿井空气中二氧化氮的主要来源是井下爆破作业。

4. 二氧化硫($SO_2$)

二氧化硫无色、有强烈的硫黄气味及酸味，当空气中二氧化硫的浓度达到 0.000 5%时即可嗅到。二氧化硫的相对密度为 2.22。在风速较小时，二氧化硫易积聚于巷道的底部。二氧化硫易溶于水，在常温、常压下 1 个体积的水可溶解 4 个体积的二氧化硫。二氧化硫遇水后生成硫酸，对眼睛及呼吸系统黏膜有强烈的刺激作用，可引起喉炎和肺水肿。当空气中的二氧化硫浓度达到 0.002%时，眼睛及呼吸器官即感受到强烈的刺激；浓度达到 0.05% 时，短时间内即可造成生命危险。

矿井空气中二氧化硫的主要来源有含硫矿物的氧化与自燃，含硫矿物的爆破以及从含硫矿层中涌出。

5. 氨气($NH_3$)

氨气是一种无色、有浓烈臭味的气体，比重为 0.596，易溶于水，当空气中氨气的浓度达到 30%时有爆炸危险。氨气对皮肤和呼吸道黏膜有刺激作用，可引起喉头水肿。

矿井空气中氨气的主要来源有爆破作业、用水灭火等，部分岩层中也有氨气涌出。

6. 氢气($H_2$)

氢气无色、无味、无毒，相对密度为 0.07。氢气能自燃，当空气中氢气的浓度为 4%～74%时有爆炸危险。

空气中氢气的主要来源是井下蓄电池充电时放出，有些中等变质的煤层中也有氢气涌出。

(三) 矿井空气主要成分的浓度标准

由于矿井空气质量对人员健康和矿井安全有着重要的影响，所以《煤矿安全规程》对矿井空气主要成分(氧气、二氧化碳)的浓度标准做出了明确的规定：采掘工作面进风流中的氧气浓度不得低于 20%，二氧化碳浓度不得超过 0.5%。有害气体的最高允许浓度如表 3-3 所示。

**表 3-3　矿井有害气体最高允许浓度**

| 名称 | 最高允许浓度/% |
|---|---|
| 一氧化碳 | 0.002 4 |
| 氧化氮(换算成二氧化氮) | 0.000 25 |
| 二氧化硫 | 0.000 5 |
| 硫化氢 | 0.000 66 |
| 氨气 | 0.004 |

注:瓦斯、二氧化碳和氢气的允许浓度按照《煤矿安全规程》的有关规定执行。矿井所有气体的浓度均按体积百分比计算。

(四)矿井气候

矿井气候是指矿井空气的温度、湿度和流速这三个参数的综合作用状态。矿井气候条件的好坏,对井下作业人员的身体健康和劳动安全有着重要的影响,良好的矿井气候条件是保证矿井安全生产的重要因素。因此,保持良好的矿井气候条件是矿井通风的基本任务之一。

1. 矿井空气温度

矿井空气温度是影响矿井气候条件的主要因素,它与人体温度差的大小直接影响身体向外散热的快慢。温度过高或过低时,都会使人感到不舒适,甚至危害身体健康。最适宜的井下空气温度是 15～20 ℃。

《煤矿安全规程》第六百五十五条规定:当采掘工作面空气温度超过 26 ℃、机电设备硐室超过 30 ℃时,必须缩短超温地点工作人员的工作时间,并给予高温保健待遇。当采掘工作面的空气温度超过 30 ℃、机电设备硐室超过 34 ℃时,必须停止作业。新建、改扩建矿井设计时,必须进行矿井风温预测计算,超温地点必须有降温设施。

《煤矿安全规程》第六百五十六条规定:有热害的井工煤矿应

当采取通风等非机械制冷降温措施。无法达到环境温度要求时，应当采用机械制冷降温措施。

2. 矿井空气的湿度

空气的湿度是指空气中所含水蒸气的量，表示湿度的方法有绝对湿度和相对湿度两种。绝对湿度是指 1 $m^3$或 1 kg 空气中所含水蒸气的克数。相对湿度是指某一体积空气中实际含有的水蒸气量与同温同压下饱和水蒸气量之比的百分数。

3. 井巷风速

风速是指风流单位时间内流过的距离。井巷气候条件的好坏主要是指人体向外散热条件的好坏，这与风速有关。风速过低时，汗水不易蒸发，人体多余的热量不易散失掉，人就会感到闷热不舒服，同时瓦斯也容易积聚；风速过高时，容易使人感冒，矿尘飞扬。因此，《煤矿安全规程》规定了井巷中的允许风流速度，如表 3-4 所示。

**表 3-4　井巷中的允许风流速度**

| 井巷名称 | 允许风速/($m\cdot s^{-1}$) | |
|---|---|---|
| | 最低 | 最高 |
| 无提升设备的风井和风硐 | | 15 |
| 专为升降物料的井筒 | | 12 |
| 风桥 | | 10 |
| 升降人员和物料的井筒 | | 8 |
| 主要进、回风巷 | | 8 |
| 架线电机车巷道 | 1.0 | 8 |
| 输送机巷，采区进、回风巷 | 0.25 | 6 |
| 采煤工作面、掘进中的煤巷和半煤岩巷 | 0.25 | 4 |
| 掘进中的岩巷 | 0.15 | 4 |
| 其他通风人行巷道 | 0.15 | |

设有梯子间的井筒或修理中的井筒，风速不得超过 8 m/s；梯子间四周经封闭后，井筒中的最高允许风速可以按表 3-4 规定执行。综合机械化采煤工作面，在采取煤层注水和采煤机喷雾降尘等措施后，其最大风速可高于表 3-4 的规定值，但不得超过 5 m/s。

4. 矿井气候条件的改善

改善矿井气候条件的目的是将井下特别是采掘地点的空气温度、湿度和风速合理配置，以创造良好的作业环境，保证作业人员的身体健康和提高劳动生产率。在煤矿生产过程中，控制空气湿度较困难，主要从调节气温和风速入手。

(1) 空气预热。

冬季时，我国北方地区地面温度很低，冷空气进入井下会使井筒和井底车场结冰，对行人、运输和提升都不安全，容易引发事故。因此，需要对进入井下的冷空气预热。一般井口房不密闭时采用冷热风在井筒内混合、在井口房内混合，以及在井口房和井筒内同时混合等方式，如图 3-1 所示。通常采用的预热方法是使用蒸汽或水暖设备，将一部分空气加热到 70～80 ℃，并使其进入井筒与冷空气混合，以使混合后进入井筒的空气温度不低于 2 ℃。

(2) 降温。

在我国南方地区和一些开采深度较大的矿井，夏季时在地面气温和井下其他热源的影响下，采掘工作面的温度和湿度会超过《煤矿安全规程》的规定值，因此，需要采取以下降温措施。

① 通风降温。

通风降温是目前国内外深部开采矿井普遍采用的降温措施之一，主要有以下几种方法。

建立合理的通风系统，减少漏风，增加工作面有效风量。对于深部开采高热矿井，为保证将一定数量和质量的空气送入井下各用风区域，必须建立合理的、可靠的通风系统。

从降温效果来看，在考虑进风井和回风井相对位置时，混合式

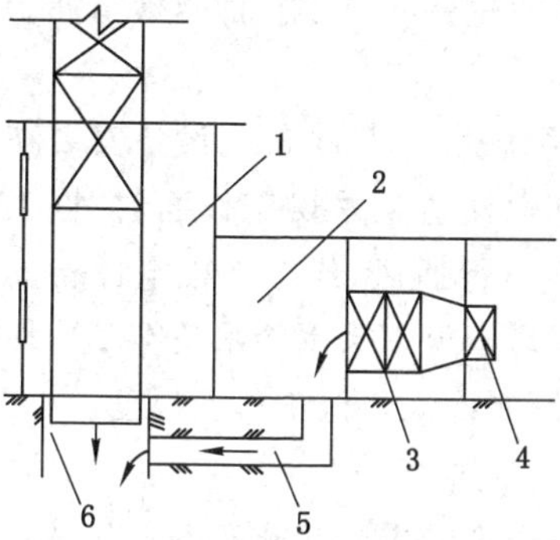


(a) 冷热风在井筒内混合

1—通风机房；2—空气加热室；3—空气加热器；4—通风机；5—热风道；6—井筒。

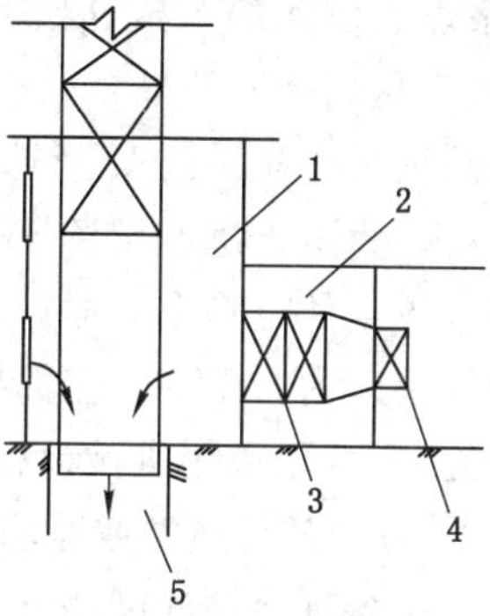


(b) 冷热风在井口房内混合

1—通风机房；2—空气加热室；3—空气加热器；4—通风机；5—井筒。

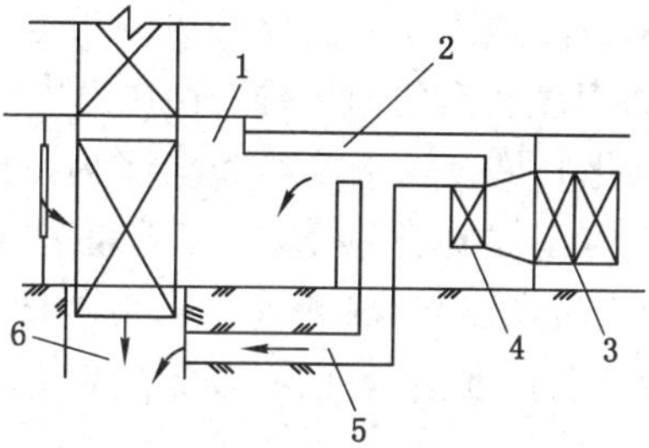


(c) 冷热风在井口房和井筒内同时混合

1—通风机房；2—空气加热室；3—空气加热器；4—通风机；5—热风道；6—井筒。

图 3-1 井口空气预热方式

通风最优，对角式通风次之，中央式通风最差。

对于深部开采的风井，其通风路线较长，风流与井巷的热交换时间长，空气沿途升温较大，所以，尽量将开拓和采区巷道布置在距离热源较远的岩层内，实行分区通风，以缩短风路。

在地质条件和采煤工艺允许时，将采煤工作面 U 形通风系统改为 W 形通风系统能降低其温度。W 形通风系统的主要优点是:采煤工作面的风流路线可以缩短一半,工作面风量可提高1倍,从而达到降温效果。

综采工作面采用U形通风系统时,一般将机电设备安装在进风巷内。为防止机电设备散热随风流进入采煤工作面,根据工作面的具体条件可将上行通风改为下行通风,或者将机电设备安装在回风巷道内。采掘工作面根据需要可以采用冷水喷雾和冰块降温措施,亦可以采用机械设备强制制冷来降低工作面温度。

② 减少各种热源或减弱其散热强度。

减少各种热源或减弱其散热强度的主要措施有以下几种:

a. 地下热水或火区的热水以最短的路线流入水仓、排至地面。

b. 减少机械散热。井下主要的大型机电硐室必须采用独立的回风系统,将温度较高的回风排入回风道内。

c. 减少氧化放热。氧化放热和局部热源放热是井巷风流升温的重要因素,尤其是在井巷干燥、煤尘较多、使用木支架通风路线长的巷道中,风流升温比较明显。采用木材支架或者使用不易氧化的材料涂抹巷道壁面,可以有效降低氧化放热量。

## 第二节　矿井通风系统

在煤炭地下开采过程中,为将地面的新鲜空气定量地供给井下各用风地点,同时稀释并排出污浊空气,除了需要一系列的巷道,使空气能够按照生产的需要定量、定向而且连续地流向各用风地点以外,还需要一系列的通风动力机械和控制风流的设施,如风门、密闭和风桥等。因此,矿井通风系统是向矿井各作业地点供给新鲜空气、排出污浊空气的进、回风井的布置方式,主要通风机的工作方法、通风网络和通风控制设施的总称。

## 一、通风方法

通风方法指矿井主要通风机向矿井供风的方式，分为抽出式通风、压入式通风、压抽混合式通风三种。

### （一）抽出式通风

抽出式通风是将主要通风机安装在回风井井口，在抽出式主要通风机的作用下，整个矿井通风系统处在低于当地大气压力的负压状态。在这种情况下，回风流不易向其他处乱窜，可以集中而迅速地流入回风系统排出井外。此外，在抽出式通风矿井中，通风设施安设在回风侧，不妨碍运输和行人，管理简单，控制可靠，对于高瓦斯矿井和有自然发火危险的矿井来说是有利的。当主要通风机因故停止运转时，井下风流的压力提高，在一定时间内采空区封闭火区中的瓦斯等有毒有害气体不易涌出，比较安全。

### （二）压入式通风

压入式通风是指主要通风机安设在进风井井口，在压入式主要通风机作用下，整个矿井通风系统处在高于当地大气压的正压状态。在压入式通风矿井中，控制风流的设施一般都在进风侧安设，这对运输和行人等都不方便，不易管理和控制，井底车场和进风井井口处漏风较大。在冒落裂隙通达地面时，压入式通风矿井采区的有害气体通过塌陷区向外漏出。当主要通风机因故停止运转时，井下风流的压力降低，采空区或封闭火区的有毒有害气体涌出量增加，对安全不利。所以，一般瓦斯矿井很少采用压入式通风。

### （三）压抽混合式通风

压抽混合式通风是在进风井井口设一风机做压入式工作，回风井井口设一风机做抽出式工作。通风系统的进风部分处于正压；回风部分处于负压；工作面大致处于中间，其正压或负压均不大，采空区通连地表的漏风因而较小。该方法的缺点是使用的通风机设备多，管理复杂。因此，在煤矿中一般很少使用压抽混合式的通风方法。

## 二、通风方式

矿井通风方式是对矿井的进、回风井井筒的相对位置而言的，一个矿井若要构成通风系统至少需要一个进风井和一个回风井。按照进、回风井的相对位置，矿井通风方式可分为中央式通风、对角式通风和混合式通风三类。

### (一) 中央式通风

该通风方式的进、回风井均位于井田走向中央。根据进、回风井的相对位置，又分为中央并列式通风和中央边界式(中央分列式)通风，分别如图 3-2(a)和图 3-2(b)所示。

在中央式通风方式中，矿井通风路线是折返的，故比其他通风方式的通风阻力大，且阻力的变化幅度也大，主要通风机工作不稳定、效率低、能耗大。由于风流折返和阻力大，进、回风侧的压差较大，矿井漏风大，对矿井防火不利。但中央式通风，尤其是中央并列式通风具有基建费用少、建井时间短、投产快、工矿建筑集中、便于管理、井筒延深工作方便和易实现矿井反风等优点。

### (二) 对角式通风

对角式通风分为两翼对角式通风、单翼对角式通风和分区对角式通风三种。

两翼对角式通风：如图 3-2(c)所示，进风井位于井田中央，回风井位于井田两翼上部边界。

单翼对角式通风：进风井在井田一侧，回风井在另一侧的通风系统。

分区对角式通风：进风井位于井田中央，在每个采区的井田上部边界设置一个回风井。

对角式通风虽然基建工程量大，但是可用两翼风井进行施工，投产快，具有风流路线短又无折返、通风阻力小、漏风少、矿井风压稳定的特点。但回风井和所用的主要通风机多，基建费用大，布置分散，不便管理。

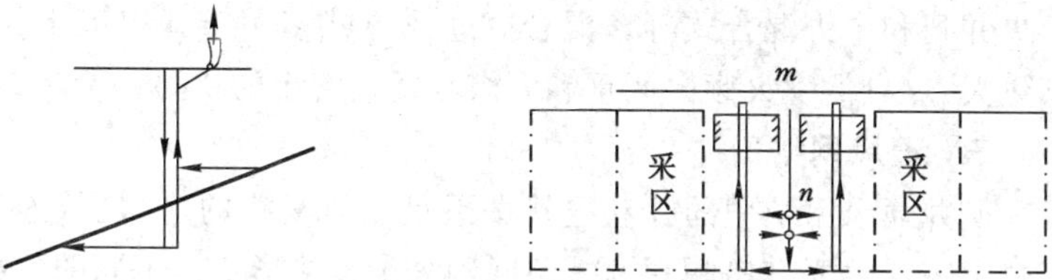

(a) 中央并列式通风

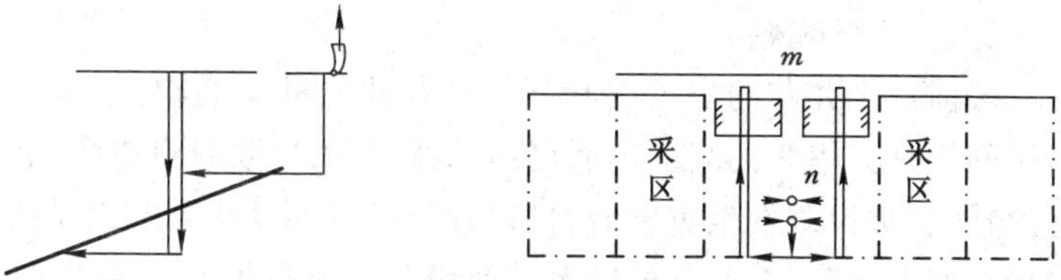

(b) 中央边界式(中央分列式)通风

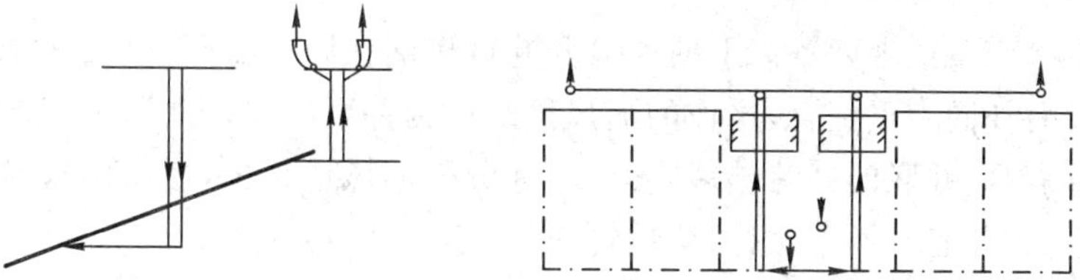
(c) 两翼对角式通风

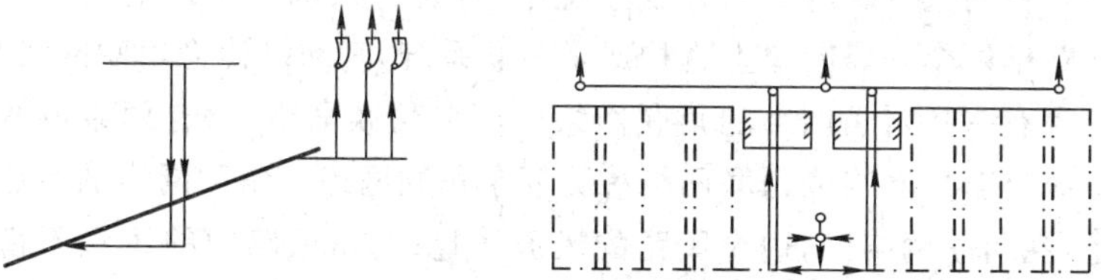
(d) 中央并列和两翼对角混合式通风

图 3-2　矿井通风方式

（三）混合式通风

混合式通风是以上任意两种通风方式的结合。如中央分列式和两翼对角混合式、中央并列和两翼对角混合式[图 3-2(d)]以及中央并列和中央混合式等。混合式通风方式多用于井田范围大、产量大、煤自然发火倾向严重和有煤与瓦斯突出的矿井。

### 三、通风网络

矿井通风系统中的井巷连接关系是比较复杂的，但是从连接形式上来说主要有串联、并联、角联和复杂连接形式。不同的连接形式具有不同的通风特性和安全效果。

#### （一）串联网络

若前一个井巷的出风端和下一个井巷的进风端相接，这样的通风网络称为串联网络。串联网络的特点是：串联巷道越多，通风阻力越大；进风侧发生灾害时将影响回风侧，各段巷道中的风量不能随意变更；下一个井巷的进风端使用前一个井巷出风端的回风。

#### （二）并联网络

两条或者两条以上的通风井巷进风端在同一点分开，出风端在另外同一点汇合，这样的通风网络称为并联网络。并联网络的特点是：并联的井巷越多，各个井巷分得的风量越少，通风阻力越小；各井巷互不干扰，安全性较好。

#### （三）角联网络

在两条分路组成的并联系统中，若有一条或一条以上的井巷横跨于两个并联巷道上就构成了角联系统，其网络称为角联网络。只含有一条对角网络的角联网络叫简单角联网络，含有两条或两条以上对角网络的角联网络称为复杂角联网络。角联网络的特点是：在角联网络中，边缘风路的风流稳定；对角风路中的风流不稳定，它在边缘风路风阻的影响下可能正向、反向或者无风。因此，在矿井设计中，应尽量避免角联网络的出现。

### 四、通风设施

为了保证井下风流按规定的路线、方向流动，使井下各用风地点得到所需风量，必须在井下某些巷道中设置相应的通风设施对风流进行井下控制。这些引导、隔断和控制风流的构筑物称为通风设施，如风门、风桥等。一个矿井通风状况的好坏与通风设施的建造质量、数量、位置和维护等有密切的关系，因此，合理地、高质量地设置通风设施并严格保证其始终处于完好状态是矿井通风与安全管理工作的一项重要任务。

（一）风门

井下凡不允许风流通过但需要行人或行车的巷道，必须安设风门。在行人或者通车不多的地方可以安设普通风门，而在行人或者通车比较频繁的主要运输道上，则应构筑自动风门。图 3-3 为风门和调节风门的表示方式。

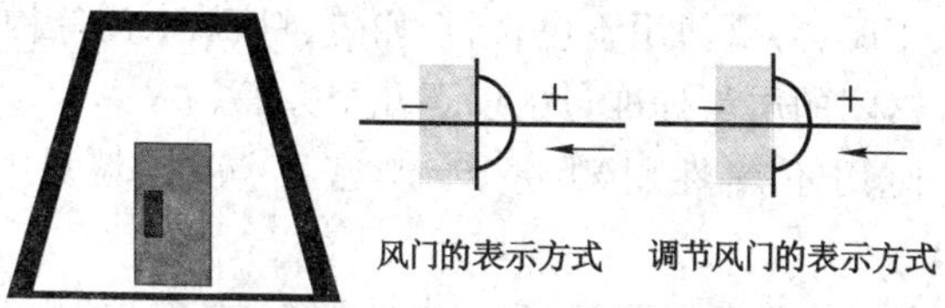


图 3-3　风门和调节风门的表示方式

设置风门的要求包括以下几个方面。

（1）每组风门不少于两道，通车风门间距不小于一列车长度，行人风门间距不小于 5 m。进、回风巷道之间需要设风门处应同时设反向风门，其数量不少于两道。

（2）风门能自动关闭；通车风门实现自动化，矿井总回风和采区回风系统的风门要装有闭锁装置；风门不能同时敞开（包括反向风门）。

（3）门框要包边沿口，有垫衬，四周接触严密，门扇平整不漏风，门扇与门框不歪扭。门轴与门框向关门方向倾斜 80°～85°。

（4）风门墙垛要用不燃材料建筑，厚度不小于 0.5 m，严密不漏风；墙垛周边要掏槽，见硬顶、硬帮且与煤岩接实；墙垛平整，无裂缝、重缝和空缝。

(5) 风门水沟要设反水池或挡风帘,通车风门要设底坎,电管路孔要堵严;风门前后各 5 m 内巷道支护良好,无杂物、积水、淤泥。

(二) 风墙

风墙一般称作密闭,它是隔断风流程度较高的一种通风设施。凡是不运输、不行人,又需要隔断风流的地方都应设风墙。根据服务年限的不同,可分为临时密闭和永久密闭两类。

临时密闭:由于服务年限短,常用木板、木段等修筑,并用黄泥、石灰抹面。

永久密闭:需要使用不燃材料,如砖、料石、水泥等构筑。

永久密闭的质量标准包括以下几个方面。

(1) 使用不燃性材料建筑,严密不漏风,墙体厚度不小于 0.5 m。

(2) 密闭前无瓦斯积聚;5 m 内外无杂物、冒顶、片帮、积水和淤泥。

(3) 密闭与周边要掏槽,见硬底、硬帮且与煤岩接实,要抹不少于 0.1 m 的裙边。

(4) 根据出水情况设置观测孔、放水孔和措施孔。

(5) 密闭前要设置栅栏、揭示警标、说明牌板和检查箱。

(6) 墙面平整,无裂缝、重缝和空缝。

(三) 风桥、测风站、防爆门(盖)

1. 风桥

在进风和回风平面相遇的地点必须设置风桥,构成立体交叉风路,使进风和回风能够分开,互不相混。服务年限长,通过风量大于 20 $m^3/s$ 的风桥,要用图 3-4(a)中的绕道式风桥,绕道须开掘在岩石中;服务年限长,通过风量为 10～20 $m^3/s$ 的风桥,要用图 3-4(b)中的混凝土或料石风桥;服务年限短,通过风量小于 10 $m^3/s$ 的风桥,要用图 3-4(c)中的临时风桥。

图 3-4　风桥

2. 测风站

对构筑测风站有以下几点要求。

(1) 主要进回风道(矿井总进、回风道,一翼进、回风大巷,水平进、回风巷道,采区进、回风巷道)都应设置固定测风站。

(2) 测风站必须设置在平直巷道内。测风站长度不得小于 4 m,前后 10 m 内巷道不得有分叉、拐弯,不得有障碍物,巷道断面应无变化。

(3) 在料石砌碹的巷道中,可按照上述要求选择一段巷道作为测风站。

(4) 在光爆锚喷、锚杆支护或裸体巷道中,应砌碹构筑测风站,或者使用水泥砂浆将测风站四周抹平,并保证测风站的断面与前后巷道的断面相同。

3. 防爆门(盖)

防爆门(盖)是防止矿井发生瓦斯、煤尘爆炸时毁坏风机,而在回风井井口上构筑的一种安全设施。当井下发生瓦斯爆炸时,防爆门被气浪冲开,冲击波直接从该处冲出,从而保护风机。当主要通风机停止运转时,打开防爆门还可以使矿井保持自然通风。

# 第四章 煤矿主要灾害事故防治

## 第一节 瓦斯事故及防治

瓦斯事故是指由于瓦斯的存在并失控而导致的事故，包括瓦斯爆炸事故、煤与瓦斯突出事故、瓦斯燃烧事故、窒息事故等。

### 一、矿井瓦斯

#### （一）矿井瓦斯的性质

矿井瓦斯是指矿井中主要由煤层气构成的以甲烷为主的有害气体，有时单独指甲烷。甲烷是无色、无味、无臭的气体，不易溶于水，相对空气密度为 0.554，有很强的扩散性、渗透性，本身无毒，不能供人呼吸，不助燃，但具有燃烧和爆炸性。

瓦斯在煤层及围岩中的赋存状态有以下两种。

(1) 游离状态。瓦斯以自由气体状态存在于煤层或围岩的空隙之中，其分子可自由运动，处于承压状态。

(2) 吸附状态。吸附状态的瓦斯按照结合形式的不同，可分为吸着状态和吸收状态。吸着状态是指瓦斯被吸着在煤体或岩体微孔表面，在表面形成瓦斯薄膜；吸收状态是指瓦斯被溶解于煤体中，与煤的分子相结合。

#### （二）矿井瓦斯的危害

矿井瓦斯的危害主要有以下三个方面。

(1) 当空气中瓦斯的含量达到一定值时，遇火就会燃烧或爆炸。当瓦斯气体和氧气的量相匹配时，反应就会充分、剧烈，表现为瓦斯爆炸；反之则表现为瓦斯燃烧。

(2) 当空气中的瓦斯浓度很高时,氧含量会相对降低,使人窒息。

(3) 当煤层及围岩中的瓦斯气体达到一定的压力时,在冲击地压和采掘活动等诱因作用下,会导致煤与瓦斯突出。

(三) 矿井瓦斯等级的划分

根据矿井相对瓦斯涌出量、矿井绝对瓦斯涌出量、工作面绝对瓦斯涌出量和瓦斯涌出形式,矿井瓦斯等级划分为低瓦斯矿井、高瓦斯矿井和突出矿井。

**二、矿井瓦斯爆炸及防治**

矿井瓦斯爆炸就其本质来说,是一定浓度的甲烷和空气中的氧气在一定温度的作用下产生的激烈的氧化反应。矿井瓦斯爆炸的危害非常大,能产生 1 850 ℃以上的高温气体和强大的冲击波,从而造成人员伤亡和设备、设施的损坏;如果爆炸源附近的沉积煤尘被扬起,还会导致煤尘爆炸;瓦斯爆炸产生的大量的有毒有害气体,会造成人员中毒而伤亡。

(一) 瓦斯爆炸的条件

瓦斯爆炸必须同时具备三个条件,即:一定浓度的瓦斯,瓦斯浓度为 5%～16%;一定温度的引燃火源,瓦斯在空气中的引爆温度为 650～750 ℃;足够的氧气含量,氧含量达到 12%。三者缺一不可。

(二) 瓦斯爆炸事故的预防

瓦斯爆炸事故是可以预防的。预防瓦斯爆炸是指消除瓦斯爆炸的条件,并限制爆炸火焰向其他区域传播。预防瓦斯爆炸事故主要从以下三个方面考虑。

1. 防止瓦斯积聚

(1) 加强通风。加强通风是防止瓦斯积聚的根本措施。瓦斯矿井的通风必须做到有效、稳定和连续不断,才能将井下涌出的瓦斯及时稀释并排除。

(2) 先抽后采。先抽后采是预防瓦斯事故的治本措施。对于采用一般通风方法不能解决瓦斯超限的矿井或工作面,可以采用抽采瓦斯的方法,将瓦斯抽排至地面。

(3) 及时处理积聚的瓦斯。瓦斯积聚是指局部空间的瓦斯浓度达到2%、体积超过0.5 $m^3$的现象。当发生瓦斯积聚时,必须及时处理,以防止局部区域瓦斯达到爆炸浓度的下限。

(4) 加强检查和监测瓦斯。井下采掘工作面和其他地点要按要求检查瓦斯浓度。对于不同地点的瓦斯浓度,《煤矿安全规程》有明确规定。同时,矿井必须装备安全监测监控系统。

2. 防止出现引爆火源

引爆瓦斯的火源主要有明火、爆破火焰、电火花及摩擦火花四种。

《煤矿安全规程》规定,严禁携带烟草和点火物品下井;井下严禁使用灯泡取暖和使用电炉;井下严格电焊、气焊和喷灯焊管理;严格井下火区管理;防止出现爆破火焰;井下不得带电检修电气设备,严禁带电搬迁非本质安全型电气设备、电缆;井下防爆电气设备的运行、维护和修理工作,必须符合防爆性能的各项技术要求。

3. 防止瓦斯爆炸灾害扩大

井下局部区域一旦发生瓦斯爆炸,应尽可能缩小其波及范围,避免继发性的瓦斯煤尘爆炸。防止瓦斯爆炸灾害扩大的措施有以下几种。

(1) 实行分区通风。每一生产水平和每一采区,都必须布置单独的回风巷,防止事故发生区域对其他区域的影响。

(2) 安设隔爆设施。有煤尘、瓦斯爆炸危险的矿井,都必须按要求安设隔爆水槽或岩粉棚,主要是利用它们的降温作用,破坏相邻区域发生继发性煤尘爆炸的条件,防止事故扩大化。

(3) 建立矿井紧急避险系统、压风自救系统,以保证发生事故时相关人员可以有效避难,从而减小伤亡和损失。

(4) 组织编制灾害预防和处理计划以及事故应急预案，并组织演练，提高逃生能力。

## 三、煤(岩)与瓦斯(二氧化碳)突出事故及防治

煤(岩)与瓦斯(二氧化碳)突出是指在地应力和瓦斯(二氧化碳)气体压力的共同作用下，破碎的煤(岩)和瓦斯(二氧化碳)瞬间由煤体(岩体)内突然喷出到采掘空间的现象。煤(岩)与瓦斯(二氧化碳)突出是一种破坏性极强的动力现象，常发展成较大型事故。强大的能量释放，能摧毁井巷设施，破坏通风系统，造成人员窒息，甚至引发火灾和瓦斯、煤尘爆炸等二次事故，严重时会导致整个矿井正常生产系统的瘫痪。

### (一) 煤(岩)与瓦斯(二氧化碳)突出的预兆

(1) 有声预兆。煤层在变形过程中发出劈裂声、爆竹声、闷雷声，间隔时间不一，在突出瞬间常伴有巨雷般的响声；支架受力发出“嘎嘎”的声音，甚至折裂的声音。

(2) 无声预兆。其主要表现是：① 煤层结构变化，层理紊乱，煤层由硬变软、由薄变厚，倾角由小变大，煤由湿变干、暗淡无光泽，煤层顶底板出现断裂，煤岩严重破坏等。② 瓦斯涌出异常(忽大忽小)、煤尘增大、气温异常、气味异常，打钻喷瓦斯、喷煤粉并伴有哨声、蜂鸣声等。③ 地压显现、岩煤开裂掉渣、底鼓、岩煤自行剥落、煤壁颤动、钻孔变形等。

### (二) 煤(岩)与瓦斯(二氧化碳)突出的预防措施

煤(岩)与瓦斯(二氧化碳)突出矿井应当根据实际状况和条件，制定区域综合防突措施和局部综合防突措施。

区域综合防突措施是指在突出煤层进行采掘前，对突出煤层较大范围采取的防突措施。区域防突措施包括开采保护层和预抽煤层瓦斯两类。开采保护层分为开采上保护层和下保护层两种方式。预抽煤层瓦斯可采用的方式有地面预抽煤层瓦斯、井下穿层钻孔预抽煤层瓦斯和顺层钻孔预抽煤层瓦斯等。

局部综合防突措施包括预震动爆破、水力冲孔、金属骨架、煤体固化、注水湿润煤体及其他经试验证实有效的防突措施。

## 第二节　水害事故及防治

矿井水灾是煤矿的主要灾害之一。在煤矿建设和生产过程中,往往会遇到程度不同的透水事故,轻则造成排水设备增多、费用增大、原煤成本提高、采区接续紧张,影响生产建设的发展;重则发生淹井事故、人员伤亡,经济损失巨大。因此,必须加强水文地质工作,掌握矿井水灾的水源分布和造成水灾的原因,采取相应的防治措施,防止水患的发生。

### 一、矿井水源

矿井突水的主要水源有含水层水、地表水、老空积水、大气降水、断层积水等。

### 二、矿井水害发生原因分析

(1) 地面防水措施不当,或因对防洪设施管理不善,雨季山洪由井筒或塌陷区裂缝大量灌入井下,而造成水灾。

(2) 水文地质资料不明,盲目施工。

(3) 井口位置低于历年最高洪水位、井巷位置选择不合理等,都能发生水灾。如井巷置于不良的地质条件中或接近强含水层附近,易导致顶底板透水。

(4) 施工质量低劣,井巷塌落冒顶,导致顶板含水层发生透水事故。

(5) 小煤窑乱采掘,破坏防水煤、岩柱而造成透水。

(6) 测量失误和违章作业,造成水灾。

### 三、矿井透水的预兆

采掘工作面透水前一般都有预兆,井下工作人员熟悉这些预兆,对于及时采取对策、保证人员安全撤离有着重要意义。矿井透水预兆如下。

(1) 煤壁或巷道“挂红”酸度大，水味发涩、有臭鸡蛋味，这是老空水的特点。铁锈使水变成红色，水含硫化氢时有臭鸡蛋味，酸性水发涩。

(2) 煤壁或巷道“挂汗”，这是由于积水透过微孔隙而凝聚于岩石或煤层表面。顶板“挂汗”，多为尖形水珠，有“承压欲滴”之势。自然预兆中的“挂汗”为平形水珠，是蒸汽凝结于顶板所形成。

(3) 煤层变冷，巷道出现雾气。煤层含水增大时，热导率增大，用手摸煤壁时有发凉的感觉。

(4) 顶板来压、淋水加大，或底板鼓起并有渗水。

(5) 出现压力水线(或称水线)。这表明距水源已较近，应密切注视水流情况。若出水混浊，说明离水源很近。

(6) 出现水流声。煤层有水挤出，并发出“嘶嘶”声，有时尚能听到空洞水声，这是透水危险的征兆。

(7) 工作面有害气体增加。这是因为积水区常散发瓦斯、二氧化碳、硫化氢等。

(8) 煤发潮、发暗、无光泽。如果附近有积水，干燥、光亮的煤由于水的渗入会变得潮湿、暗淡。

**四、矿井防治水**

矿井防治水工作应本着“精准探测、超前治理、科学防控、绿色安全”的理念，坚持“预测预报、有疑必探、先探后掘、先治后采”的原则，落实“探、防、堵、疏、排、截、监”综合防治措施，形成“一矿一策”“一面一策”制度，建立“理念先进、基础扎实、勘探清楚、科技攻关、综合治理、效果评价、应急处置”的煤矿防治水工作体系。

(一) 地表水防治

在近水体下开采时，当受地表水体威胁，应留足防隔水煤(岩)柱；在松散含水层下开采时，应按照水体采动等级留设防水、防砂或者防塌等不同类型的防隔水煤(岩)柱。

陕北地区薄基岩下开采受地表水威胁时,可选用疏放水、河床改造、河流改道及降低采高等措施,经工作面采前防治水安全评价认为威胁消除后,方可回采。

(1) 对可能波及的废弃老窑、地面塌陷坑、采动裂隙以及可能影响煤矿安全生产的地表水体、水源井等进行调查,做好相应调查记录、更新台账并采取相应防范措施。

(2) 完善井口和工业场地防洪设施,对可能溃入井下的、井口附近或塌陷区波及范围的地表水体应采取防范措施,清理淤塞的河道、沟渠。

(3) 对水泵、水管、排水用的配电设备和输电线路,雨季前应全面检修一次;做好排水系统的检修和水仓、水沟、沉淀池的清理工作;雨季前完成全部工作水泵、备用水泵及潜水泵的联合排水试验工作。

(4) 及时对地表采动裂缝及塌陷坑等进行充填压实治理。

(5) 对于导水裂隙带可与地表沟谷沟通的地段,应避开雨季回采并建立暴雨停产撤人管理制度。

(二) 井下水害防治

(1) 严格执行井下探放水"三专"要求。由专业技术人员编制探放水设计,采用专用钻机进行探放水,由专职探放水队伍施工。严禁使用非专用钻机探放水。

严格执行井下探放水"两探"要求。采掘工作面超前探放水应当同时采用钻探、物探两种方法,做到相互验证,查清采掘工作面及周边老空水、含水层的富水性以及地质构造等情况。有条件的矿井,钻探可采用定向钻机,开展长距离、大规模探放水。

采掘工作面遇有下列情况之一的,必须进行探放水。

① 接近水淹或者可能积水的井巷、老空区或者相邻煤矿时;

② 接近含水层、导水断层、溶洞或者导水陷落柱时;

③ 打开隔离煤柱放水时;

④ 接近可能与河流、湖泊、水库、蓄水池、水井等相通的导水通道时；

⑤ 接近有出水可能的钻孔时；

⑥ 接近水文地质条件不清的区域时；

⑦ 接近有积水的灌浆区时；

⑧ 接近其他可能突水的地区时。

(2) 对于影响采掘安全的煤层顶板导水裂隙带范围内的含水层或者其他水体，应采用超前疏放、注浆改造含水层、帷幕注浆、疏排、充填开采或者限制采高等方法防治。煤层顶板存在富水性中等及以上含水层或者其他水体威胁时，煤矿应对顶板导水裂隙带发育高度进行实测。

陕北地区存在烧变岩水威胁的矿井，应采用地面磁法、瞬变电磁法等至少两种地面物探方法，结合钻探、化探、水文地质试验等方法，对烧变岩赋存、富水性特征及补给条件进行探查。当烧变岩有稳定补给时，可采用留设防隔水煤(岩)柱、帷幕截流等方法治理。若烧变岩无稳定补给时，可采用留设防隔水煤(岩)柱、疏放水(抽水)等方法治理。

(3) 受底板承压含水层水威胁的矿井，应编制开采可行性评价报告，由煤矿企业总工程师组织审定。可采用疏水降压、井下注浆加固改造煤层底板、地面区域超前治理或充填开采等措施，并进行效果检验，保证隔水层能够承受的水头值大于实际水头值。防治方案应由煤矿企业总工程师审批。

(4) 煤矿应当根据老空水查明程度和防治措施落实到位程度，对老空水害防治实行分区管理，并由煤矿总工程师组织审批。老空积水情况清楚且防治措施落实到位的区域划为可采区，否则划为缓采区。缓采区由煤矿地测部门编制老空水探查设计报告，通过井上下探查手段查明老空积水情况，防治措施落实到位后，转为可采区。缓采区经治理后仍不能保证安全开采的，划为禁采区。

当老空区有大量积水或者有稳定补给源时，应当优先选择留设防隔水煤(岩)柱；当老空区积水量较小或者没有稳定补给源时，应当优先选择超前疏干(放)方法；对于有潜在补给源的未充水老空区，应当采取切断可能补给水源或者修建防水闸墙等隔离措施。

存在老空水威胁的矿井，当采用疏放措施时，应严格落实老空水探放“四步工作法”，即查全、探清、放净、验准。在采掘工程平面图、矿井充水性图上要标明积水线、探水线、警戒线、积水量等，空间探测范围要保证巷道掘进安全。探放水前应确定如下参数：

① 老空区积水量、积水边界线、积水标高和水柱高度。

② 探水线：探查无可靠资料的老空水，应先确定可疑区域，再由可疑区域边界水平外推 100 m 作为探水线；探查有一定图纸资料作为参考的较可靠的老空水，应由积水边界线水平外推 80 m 作为探水线；煤矿自己开采的老空区位置准确、积水情况清楚时，根据水头值高低、煤(岩)层厚度、强度及安全技术措施等确定探水线。

③ 警戒线：图纸资料可靠的探水线水平外推 40 m 作为警戒线，图纸资料较可靠的探水线水平外推 50 m 作为警戒线，图纸资料不可靠的探水线水平外推 80 m 作为警戒线。

## 第三节　矿尘爆炸事故及防治

矿尘是煤矿井下任何工作地点和地面井口房、选煤厂都具有的一种有害物质，是煤矿五大灾害之一。它不仅影响工作人员的身体健康，而且大多数矿尘具有爆炸性，严重威胁着煤矿的安全生产。在生产过程中长期吸入生产性矿尘能引起以肺组织纤维化为主的尘肺病。因此，必须采取综合防尘措施和预防、隔绝矿尘爆炸的措施，减少对矿工造成的危害。

## 一、矿尘的基本概念

矿井粉尘是飘浮在矿井空气中或者已经沉落的矿物微粒。悬浮于空中的称浮尘，沉降下来的称落尘。煤矿生产的各个环节均产尘。

## 二、矿尘的分类

矿尘按其成分不同，可分为煤尘、岩尘和水泥尘；按对人的危害不同，可分为总粉尘和呼吸性粉尘。

(1) 总粉尘：粒径在 5 μm～1 mm 的矿尘。大于 1 mm 的矿尘一般飞不起来。

(2) 呼吸性粉尘：粒径在 5 μm 以下的矿尘，能通过人的呼吸道进入肺部，导致人患尘肺病，简称吸尘。人吸入煤尘患的煤肺病、吸入岩尘患的硅肺病、吸入水泥尘患的水泥肺病，统称为尘肺病。粉尘中含游离二氧化硅，二氧化硅含量在 10%以上的粉尘叫硅尘，它是引起矿工硅肺病的主要因素。矿尘中游离二氧化硅的含量越大，对人的危害越大。

《煤矿安全规程》对作业场所空气中粉尘浓度的要求如表 4-1 所示。

**表 4-1 作业场所空气中粉尘浓度要求**

| 粉尘种类 | 游离二氧化硅含量/% | 时间加权平均容许浓度/($mg \cdot m^{-3}$) | |
|---|---|---|---|
| | | 总尘 | 呼尘 |
| 煤尘 | <10 | 4 | 2.5 |
| 硅尘 | 10～50 | 1 | 0.7 |
| | 50～80 | 0.7 | 0.3 |
| | ≥80 | 0.5 | 0.2 |
| 水泥尘 | <10 | 4 | 1.5 |

注：时间加权平均容许浓度是以时间加权数规定的 8 h 工作日、40 h 工作周的平均容许接触浓度。

## 三、矿尘的产生及危害

### （一）主要产生工序

煤矿作业的各个生产环节都产尘。钻眼作业，如气动凿岩机或煤电钻打眼、打锚杆眼、注水眼等；炸药爆破、采煤机割煤、装煤和掘进机掘进；采场支护、放顶、巷道支护，特别是锚喷支护、装载、运输、转载、卸载和提升、通风安全设施的构筑等均产尘。据测定，干打眼时，粉尘浓度可达 472 mg/m$^3$；爆破时，粉尘浓度可达 46 mg/m$^3$；装渣时，粉尘浓度可达 87 mg/m$^3$；喷混凝土时，粉尘浓度可达 103 mg/m$^3$。采掘工作面产尘量最多，约占全部矿尘的 80%；其次为运输系统各装载点，也有相当数量的矿尘。

### （二）矿尘的危害

矿尘的危害主要表现在对人体健康和安全生产两个方面。

第一，工人长期吸入矿尘以后（如硅尘和煤尘），轻者会患呼吸道炎症，重者会患尘肺病，而尘肺病引起的矿工致残和死亡人数，在国内外都十分惊人。世界各国都在积极开展预防和治疗尘肺病的工作，并已取得了较大进展。

第二，矿尘危害的另一个表现是燃烧和爆炸。例如，矿尘能够在完全没有瓦斯存在的情况下爆炸，并给矿井以突然性的袭击，酿成严重的灾害。

除此以外，煤矿粉尘能加速机械的磨损、减少精密仪表的使用寿命，能降低工作场所的能见度，使工伤事故增多。因此，认真做好煤矿粉尘防治工作，是矿井安全生产管理中必不可少的环节。

## 四、矿尘爆炸条件及危害

### （一）矿尘爆炸的条件

矿尘发生爆炸必须同时具备三个条件，少一条都不会爆炸。

(1) 矿尘本身具有爆炸性，而且悬浮在空气中，并达到一定的浓度。爆炸的下限浓度为 45～50 g/m$^3$，上限浓度为1 500～2 000 g/m$^3$。

(2) 火源温度为 610～1 050 ℃。井下的电气火花、爆破火花、机械撞击和摩擦火花都能达到这样的温度。

(3) 氧气浓度不低于 18%。氧气浓度在 18%以下时,矿尘不能爆炸,但是井下正常通风地点的氧气浓度不可能在 18%以下。

(二) 矿尘爆炸的危害

(1) 产生高温。爆炸火焰瞬间温度高达 2 300～2 500 ℃。

(2) 产生高压。爆炸理论压力为 736 kPa,实验压力为 0.5～1.0 MPa;爆炸冲击波扬起的积尘,可引起连续爆炸。

(3) 产生大量的有害气体。如一氧化碳的浓度高达 2%～4%,二氧化碳的浓度高达 4%～8%,氧气的浓度下降到仅为 6%～8%。

(三) 影响矿尘爆炸的主要因素

(1) 煤的挥发分含量:挥发分越高,爆炸性越强。

(2) 煤的灰分和水分:吸热,降尘,降低爆炸性。

(3) 矿尘粒度:粒度越小,爆炸危险性越大。

(4) 瓦斯浓度:瓦斯增高,爆炸下限下降、上限提高。

(5) 氧气含量:氧气含量越高,点燃温度越低;反之,则较困难。

(6) 引爆热源:温度越高,越易点燃;反之,越难点燃。

**五、矿尘爆炸事故的预防**

(一) 综合防尘措施

《煤矿安全规程》第六百四十四条规定,矿井必须建立消防防尘供水系统,并做了具体规定。

目前,我国煤矿井下主要采用以风和水为主的综合防尘技术。

1. 通风除尘

通风除尘是利用通风将井下悬浮矿尘排出,降低作业场所的矿尘浓度的方法。经试验得到最低排尘风速为 0.25～0.5 m/s;最优排尘风速为 1.2～1.6 m/s。当风速大于此风速时,就有二次扬尘的作用,风速越高,扬尘作用越强。

2. 煤层注水

预先在干燥的煤体中打眼注入高压水，预湿煤体，可大大减少采掘时产生的煤尘。

3. 湿式作业

湿式作业包括湿式打眼、水炮泥爆破，爆破前后喷雾洒水、洒水装煤(岩)，综采、综掘内外喷雾系统降尘等。

4. 清扫积尘

应定期或不定期对井下环境中的积尘进行清扫、冲洗。

5. 装载点设水幕、水帘

在各运输装载点或重要进回风巷道设置必要的水幕、水帘，可以净化风流和降尘。

6. 个人防护

在工作面矿尘没有降下来之前，作业人员尽量不要进入工作。另外，应注意经过一系列降尘措施后，虽然大量矿尘被除掉了，但还有一定量的余尘、微尘，作业人员要佩戴防尘口罩等，以起到辅助防尘作用。

(二) 防止矿尘爆炸的火源

1. 加强明火管理，提高防火意识

严禁携带烟草、点火物品和穿化纤衣服入井；井下严禁使用电炉和灯泡取暖，不得从事电焊、气焊和喷灯焊等；新工人入井前必须接受防火、防爆的安全教育，提高安全意识。

2. 严格爆破管理

在有瓦斯、煤尘爆炸危险的煤层中，采掘工作面爆破都必须使用煤矿许用雷管和炸药；使用合格的发爆器爆破；井下爆破工作必须由专职的爆破工担任；爆破前必须充填好炮泥；严禁放明炮、糊炮；严禁超量装药等。

3. 防止出现电火花

井下严禁带电检修，严禁带电搬迁非本质安全型电气设备、电缆。井下供电应做到无“鸡爪子”、“羊尾巴”和明接头，有过电流、漏电保护和保护接地装置；应坚持使用检漏继电器，坚持使用煤电钻综合保护，坚持使用局部通风机风电闭锁。矿灯发放前应保证完好，在井下严禁敲打、撞击矿灯，严禁私自拆开矿灯。

4. 防止出现摩擦和撞击火花

随着井下机械化程度的日益提高，机械摩擦、撞击火花相应增加。这主要是由违章操作产生的，因此禁止违章操作是关键。

（三）防止煤尘爆炸扩大的措施

防止煤尘爆炸危害，除采取防尘措施外，还应采取降低爆炸威力、隔绝爆炸范围的措施，以防止爆炸灾害扩大。具体办法有设置水槽棚和水袋棚、岩粉棚，利用各种传感器设置自动隔爆棚等。

**【案例】**

2005 年 11 月 27 日 21 时 22 分，某煤矿发生特别重大煤尘爆炸事故，171 人死亡，48 人受伤，直接经济损失 4 293 万元。

1. 矿井概况

该矿是原国有重点煤矿，各种证照均在有效期内。2005 年核准生产能力为 50 万吨/年。该矿为高瓦斯矿井，煤尘具有强爆炸性。

2. 事故原因

(1) 直接原因。

违规爆破处理主煤仓堵塞，导致煤仓给煤机垮落、煤仓内的煤炭突然倾出，带出大量煤尘，并造成巷道内的积尘飞扬，爆破火焰引起煤尘爆炸。

(2) 主要原因。

① 该矿长期违规作业，特种作业人员无证上岗严重，超能力生产。

② 上级单位对该矿超能力生产未采取有效解决措施，对事故

隐患整改情况不跟踪落实。

③ 上级单位对该矿长期存在的重大事故隐患失察。

④ 该省经济委员会未能全面履行煤矿安全生产监督管理职责。

⑤ 该地煤矿安全监察局对该矿未彻底排查重大事故隐患的行为督促整改不力。

经调查认定,这是一起责任事故。

3. 对事故责任人员的处理

(1) 将矿长、总工程师、调度室主任、矿通风区区长、安检科科长等11名直接责任人移送司法机关处理。

(2) 给予其他包括副省长,集团副董事长、总经理,分公司副总经理等19名相应的责任人党纪、政纪处分。

(3) 责成该省人民政府向国务院做出深刻检查。

## 第四节　顶板事故及防治

顶板灾害是煤矿五大灾害之一。在井下建设、生产过程中,顶板意外冒落、垮塌,容易造成人员伤亡、设备损坏和生产停止等事故。顶板事故占全国煤矿事故总起数的比例和总死亡人数的比例最高,所以,井下职工要特别注意,避免工作场所顶板事故造成的伤害。

### 一、顶板事故的类型及其特点

按一次冒落的顶板范围和伤亡人员多少,常见的顶板事故可分为局部冒顶事故和大面积切顶事故两大类。

#### (一) 局部冒顶事故

局部冒顶事故绝大部分发生在临近断层、褶曲轴部等地质构造部位,多数发生在基本顶来压前后,特别是在直接顶由强度较低、分层厚度较小的岩层组成的条件下。

局部冒顶事故主要是由于已破坏的顶板失去依托而造成的，其触发原因，一部分是在采煤工作（包括破煤、装煤等）过程中未能及时支护已露出的破碎顶板；另一部分是在回柱操作过程中发生局部冒顶事故。

（二）大面积切顶事故

大面积切顶事故（简称垮面）的特点是冒顶面积大、来势凶猛、后果严重，不仅严重影响生产，往往还会导致重大人身伤亡事故。事故原因是直接顶和基本顶大面积运动。

由直接顶运动造成的垮面事故，按其作用力性质和顶板运动时的始动方向又可分为推垮型事故和压垮型事故两类。

（1）推垮型事故。包括走向推进工作面常发生的倾向推垮型事故和倾斜推进工作面容易发生的向采空区方向推垮型事故。这类事故的特点是顶板运动发生时，在平行于煤层的层面方向产生较大的推力，推倒失稳的支架造成垮面事故。

（2）压垮型事故。包括向煤壁方向压垮和向采空区方向压垮型事故。这类事故主要是由垂直于顶底板方向的作用力压断、压弯阻力不足的支架，或将支架压入抗压强度低的底板造成的。

## 二、顶板冒落的预防与应急处置

（一）顶板冒落的预兆

顶板事故隐患的表现为顶板冒落预兆：响声、掉碴、片帮、漏顶、裂缝、离层等。

（1）响声：当岩层下沉断裂、顶板压力急剧加大时，支架会发生很大声响，有时也能听到采空区内顶板发出断裂的闷雷声。

（2）掉碴：顶板岩石已有裂缝和碎块，其中小矸石稍受震动就会掉落。

（3）片帮：冒顶前煤壁所受压力增大，变得松软，片帮煤比平时多。

（4）漏顶：破碎的伪顶或直接顶，在大面积冒顶以前，有时因为背顶不严或支架不牢而出现漏顶。若不及时处理，会使棚顶托空，支架松动。顶板岩石继续冒落，就会造成没有声响的大冒顶。

（5）裂缝：顶板的裂缝张开，裂缝增多。

（6）离层（脱层）：检查时用敲顶的方法，如果顶板声音清脆，表明顶板完好；如果顶板发出“空空”的响声，说明上下岩层已经脱离。

（7）瓦斯涌出量突然增大。

（8）顶板淋水增大。

（二）顶板冒落的预防

（1）充分掌握顶板压力分布及来压规律。冒顶事故大都发生在直接顶初次垮落、基本顶初次来压和周期来压过程中，只要充分掌握压力分布及来压规律，采取有效的支护措施即可防止冒顶。掘进巷道在布置及支架形式的选择上也要充分考虑压力的分布规律及顶板压力大小，巷道应布置在压力降低区内。

（2）采取有效支护措施。应根据顶板特性及压力大小采取合理、有效的支护形式控制顶板，防止冒顶。如果工作面压力太大、基本支架难以承受，可采用特殊支架支护顶板。综采工作面要严格控制采高，及时移架控制裸露顶板。掘进工作面要坚持使用前探支护。爆破前要加固 10 m 支架棚子，实行连锁，防止崩倒棚子引起冒顶。

（3）及时处理局部漏顶，以免引起大冒顶。

（4）坚持敲帮问顶制度。在进入采掘工作面装煤、支护前，要敲帮问顶，处理已离层的顶板；如果处理不下来，要用点柱先支撑。

（5）严格按《煤矿安全规程》作业。

① 采煤工作面必须及时支护，严禁空顶作业；

② 所有支架必须架设牢固，并有防倒措施；

③ 严禁在浮煤或者浮矸上架设支架；

④ 对于软岩条件下初撑力确实达不到要求的，在制定措施、满足安全的条件下，必须经矿总工程师审批；

⑤ 严禁在控顶区域内提前摘柱；

⑥ 碰倒或者损坏、失效的支柱，必须立即恢复或者更换；

⑦ 移动输送机机头、机尾需要拆除附近的支架时，必须先架好临时支架；

⑧ 采煤工作面遇顶底板松软或者破碎、过断层、过老空区、过煤柱或者冒顶区，以及托伪顶开采时，必须制定安全措施。

## 三、发生冒顶事故时的应急避险

### （一）迅速撤退到安全地点

当人员发现工作地点有即将发生冒顶的征兆而当时又难以采取措施防止顶板冒落时，要迅速离开危险区，撤退到安全地点。

**【案例】**

某矿的采煤工作面有 6 人上班，其中 2 人挖煤、4 人运煤。运煤工将煤运出工作面后，剩下 2 名挖煤工因煤未出尽不能架棚，便在离挖煤地点 5～6 m 远的地方休息，其中 1 人竟然睡着了。这时，顶板出现冒顶预兆，不仅有响声还伴有掉碴现象。未睡的工人立即喊醒睡觉的挖煤工："有响声，我们快出去！"这名挖煤工睡眼惺忪地说："就你怕死，我不出去。"由于他执意不走，另一名工人只好独自撤出。刚走了五六步，只听"轰隆"一声响，撤退工人的腿部被冒落煤矸埋住，他立即拉住一根柱腿挣扎出来。回头一看，那位未走的挖煤工已被埋在了里面。此时，顶板仍在继续冒落，"轰隆"之声不绝于耳，冒顶长度达 15 m。后证实，被埋压工人被救出时早已死亡。

安全提示：

发现冒顶征兆后迅速撤退到安全地点，是最好的避灾措施。否则，就会使自己受到伤害甚至危及生命。

(二) 遇险时要靠煤帮贴身站立或到木垛处避灾

当发生冒顶来不及撤退到安全地点时,应靠煤帮贴身站立避灾,但要防止煤壁片帮伤人;如靠近木垛也可撤至木垛处避灾。从采煤工作面发生冒顶,特别是大冒顶的实际情况来看,顶板沿煤壁冒落的情况很少。这是因为,煤壁上方顶板未被扰动,仍是整体。也就是说,当发生冒顶事故来不及撤退到安全地点时,靠煤帮贴身站立避灾,比在其他地方避灾造成伤亡的可能性要小一些。但是,避灾者一定要注意躲避地点附近的煤壁状况,防止煤壁片帮伤人。另外,在冒顶时虽然可能有支柱被压断或推倒,但一般情况下不可能压垮或推倒质量合格的木垛,因此在木垛附近避灾,可对避灾者起到保护作用。

从发生冒顶实际伤亡情况来看也可说明这个问题。冒顶后,不少遇险者往往是在煤壁处和木垛附近被救出,有的虽受伤但经抢救后亦可安全脱险,有的在遇险后并未受伤。而在其他地方避灾的人员,除极少数特殊情况外,生还的可能性并不大,即使经抢救脱险也会因受伤严重而致残。

(三) 遇险后立即发出呼救信号

冒顶对人员的伤害主要是砸伤、掩埋或隔堵。冒落基本稳定后,遇险人员应立即采用呼叫、敲打(不要敲打对自己有威胁的支架、物料和岩块)等方法,发出有规律、不间断的呼救信号,以便撤出人员了解灾情、组织力量进行抢救。

应当注意的是,冒顶后,人员被埋压或隔堵时,人员遇险地点的不少物料和岩块等尚处于暂时平衡状态,如不注意察看,稍一敲打就会破坏平衡而使物料、岩块等继续移动,造成新的冒顶,从而加剧对遇险者的伤害。

**【案例】**

某矿发生冒顶事故后,1 名工人下半身被掩埋。他敲打身边的木料发出求救信号,但是碎煤矸受震动继续向他涌来。他想到,这样做不仅会加大自身伤害，也会增加抢救工作量。因此，他停止敲打，改用呼喊的方法发出信号，后终被营救脱险。

（四）遇险人员要积极开展自救和互救

事故发生后，遇险人员要听从灾区班组长和有经验的老工人的指挥，在保证安全的前提下，积极开展自救和互救。被煤矸、物料等埋压的人员，不要惊慌失措，在条件不允许时切忌采用猛烈挣扎的办法脱险，以免造成事故扩大，原因有两个：一是猛烈挣扎会震动遇险者周围物体，使被埋压人员周围的煤矸、物料失去暂时平衡，从而导致新的冒落，扩大事故，增大伤害；二是遇险者被大块冒落岩石压住后挣扎也无用，根本无法脱险。正确的方法是：遇险者应正视已发生的灾害，不惊慌失措，坚信领导和同事一定会积极抢救，注意保持体力，等待救援；未受伤和受轻伤人员，要采取切实可行的措施设法营救掩埋人员，并尽可能脱离险区或转移到较安全地点等待救援。对于被营救出的受伤人员，应立即进行止血、包扎等急救处理。

（五）被隔堵人员要积极配合外部营救工作

作业人员被冒顶事故隔堵后，应在遇险地点利用各种条件有组织地开展自救，以配合外部的营救工作。

## 第五节　火灾事故及防治

凡发生在井下的火灾及发生在井口附近但危及井下安全的火灾，统称为矿井火灾。矿井火灾是煤矿矿井五大灾害之一。矿井火灾不仅会损坏设备和煤炭资源，给煤矿企业造成重大损失，还会引起瓦斯、煤尘爆炸，产生有害有毒气体，严重威胁井下职工的生命安全。煤矿职工了解和掌握矿井火灾防治和事故预防的知识是十分必要的。

## 一、发生火灾的基本要素

引起火灾的基本要素归纳起来有以下三个。

### （一）热源

具有一定温度和足够热量的热源才能引起火灾。在矿井中煤的自燃、爆破作业、机械摩擦、电流短路、吸烟、烧焊等，都有可能成为引火的热源。

### （二）可燃物

在矿井中，煤本身就是大量且普遍存在的可燃物。另外，坑木、各类机电设备、各种油料、炸药等都具有可燃性。可燃物的存在是火灾发生的物质基础。

### （三）氧气

燃烧是剧烈的氧化反应。任何可燃物尽管有热源点燃，但缺乏足够氧气时，燃烧是不能持续的，所以氧气供给是维持燃烧不可缺少的条件。

以上三要素必须同时存在才会发生火灾。

## 二、矿井火灾的分类

根据引起矿井火灾的火源不同，通常可将矿井火灾分成两大类：一是外部火源引起的矿井火灾，也称外因火灾；二是由于煤炭自身的物理、化学性质等内在因素引起的火灾，也称内因火灾。

### （一）外因火灾

外因火灾又称外源火灾，是指由于外来热源，如明火、放糊炮、电焊、气焊、在井下吸烟、人为纵火等原因造成的火灾。外因火灾一般容易发生在井口附近、井下机电硐室、采掘工作面和有电缆的木支架巷道处。外因火灾的特点是：突然发生；如果不能及时发现，常可能酿成恶性事故。

### （二）内因火灾

内因火灾又称自燃火灾，是指由于一些自燃物质（主要是煤）在一定条件或环境下（如破碎后集中堆积，又有一定的风流供给）

自身发生物理、化学变化，积聚热量，从而导致着火而形成的火灾。

## 三、煤炭自燃及其预防

### （一）煤炭自燃的初期预兆

煤矿内因火灾事故隐患主要表现为煤炭自燃。煤炭自燃的初期预兆有如下几种。

1. 巷道内湿度增加，出现雾气、水珠

煤炭氧化初期生成水分，往往使巷道内湿度增加，出现雾气或在巷道壁上挂有水珠；浅部开采时，冬季在地面钻孔或塌陷处会出现冒出水蒸气或冰雪融化现象。

2. 煤炭自燃放出煤油味、焦油味等

煤炭在从发热到自燃过程中，会因氧化而产生多种碳氢化合物，并放出煤油味、汽油味、松节油味或焦油味等。当人们可闻到这些气味时，说明煤炭自燃已发展到相当程度。

3. 巷道内发热，气温升高

煤炭在氧化、自燃过程中会释放大量热量。因此，从自然发火的地方流出的水和空气的温度比较高，人的皮肤可以直接感觉到。

4. 人有疲劳感

煤炭在氧化、自燃过程中，会放出有害气体，如二氧化碳、一氧化碳和二氧化硫等，这些有害气体会使人感到头痛闷热、精神不振、不舒服、有疲劳感。尤其是多数人有同感时，应提高警惕，查明原因，以防矿井火灾的发生。

### （二）预防煤炭自燃的主要方法

1. 均压通风控制漏风供氧

均压通风是控制煤层开采中采空区等漏风的有效措施。首先，要在保证冲淡甲烷、风速、气温和人均风量的要求下，全面施行区域性均压通风，其调压措施包括单项调压和多项措施联合调压，具体实施中形成的工作面均压应逐步扩大到邻近工作面采空区的区域性均压。

2. 喷浆堵漏钻孔灌浆

对煤层开采中的可疑地点或已出现隐患的地点进行全封闭喷浆和打浅密集钻孔注浆,是防止自然发火的有效措施。

3. 注凝胶防灭火

采用注凝胶技术处理高温点或自然发火是煤层开采中防灭火的重要措施,其方法是将凝胶注入高温点或火点周围的煤体中,其作用是既可以封堵漏风通道、又可以吸热降温。

**四、矿井发生火灾事故时的应急处置**

发生火灾时要根据灾情采取以下应急避险的措施。

(1) 任何人发现井下火灾时,都应当视火灾性质、灾区通风和瓦斯情况,立即采取一切可能的方法直接灭火,控制火势,并迅速报告矿调度室。矿调度室在接到井下火灾报告后,应当立即按灾害预防和处理计划通知有关人员组织抢救灾区人员和实施灭火工作。

矿值班调度和在现场的区、队、班组长应当依照灾害预防和处理计划的规定,将所有可能受火灾威胁区域中的人员撤离,并组织人员灭火。电气设备着火时,应当首先切断其电源;切断电源后,必须使用不导电的灭火器材进行灭火。

抢救人员和灭火过程中,必须指定专人检查甲烷、一氧化碳、煤尘、其他有害气体浓度和风向、风量的变化,并采取防止瓦斯、煤尘爆炸和人员中毒的安全措施。

(2) 如果火灾范围不大,应立即组织力量直接扑灭。

(3) 如果火灾范围大或是火势猛,则应在撤出灾区人员、保证自身安全的前提下,采取稳定风流、控制火势发展、防止人员中毒和预防瓦斯或煤尘爆炸的措施,并随时保持与地面指挥部的联系,根据指挥部的命令行事。如果现场人员无力抢救且人身安全有受威胁的可能,或是其他地区发生火灾、接到撤退命令时,应立即进行自救和组织避灾。

（4）见到火或突然接到火警通知需要立即撤退的人员，要在判明灾情和自己实际处境以及应采取的应急措施的前提下采取行动。任何情况下，遇险人员均不可惊慌失措、盲目行动。紧急措施必须及时、正确、果断，不可犹豫、疏忽，即使是对待一次微小的火灾隐患也不能麻痹大意。

**五、发生火灾事故后安全撤离时应注意的事项**

发生火灾事故时，如果不能直接扑灭或控制灾情，应迅速撤离火灾现场，撤离时要注意以下事项。

（1）要尽最大可能迅速了解或判明事故的性质、地点、范围和事故区域的巷道情况、通风系统、风流和火灾烟气蔓延的速度与方向以及与自己所处巷道位置之间的关系，并根据矿井灾害预防、事故处理计划和现场实际情况确定撤退路线和避灾自救方法。

（2）撤退时，任何人无论在任何情况下都不要惊慌，不能狂奔乱跑，应在现场负责人和有经验的老工人的带领下有组织地撤退。位于火源进风侧的人员，应迎着新鲜风流撤退；位于火源回风侧的人员或是在撤退途中遇到烟气有中毒危险时，应迅速佩戴好自救器并尽快通过捷径绕到新鲜风流中去，或是在烟气没有到达之前顺着风流尽快从回风出口撤到安全地点；如果距火源较近且越过火源没有危险时，也可以迅速穿过火区撤到火源的进风侧。

（3）如果在自救器有效作用时间内不能安全撤出，则应在设有存储备用自救器的硐室换用自救器后再行撤退，或是寻找有压风管路系统的地点以压缩空气供呼吸之用。

（4）撤退行动既要迅速果断又要快而不乱。撤退中应靠巷道有连通出口的一侧行进，避免错过脱离危险区的机会。同时，还要随时注意观察巷道和风流的变化情况，谨防火风压可能造成的风流逆转。

(5) 如果无论是逆风或顺风撤退都无法躲避着火巷道或火灾烟气造成的危害,则应迅速进入避难硐室;没有避难硐室时,应在烟气袭来之前,选择合适的地点就地利用现场条件快速构筑临时避难硐室,进行避灾自救。

**【案例】**

某矿工人在掘进工作面违章爆破引发一堆小火,本来只要用简单扑打覆盖的方法就可将火扑灭,但是,他发现着火后,由于无知和惊慌掉头就跑,没有采取任何措施,更没有向调度室和任何人报告情况就偷偷地升井溜走。当有关人员在主风井发现烟雾时,火势已经扩大,现场灭火时又发生了瓦斯爆炸,造成9人死亡,致使全井封闭。

安全提示:

(1) 任何情况下发现火情,都不可惊慌失措。应判明灾情,采取直接扑灭、切断电源等应急措施。

(2) 发现烟气成明火等火灾灾情,应立即通知在附近工作的人员,并迅速向煤矿调度室报告。

## 第六节　爆破事故及防治

### 一、矿井常见爆破事故

在我国煤矿生产和建设中,无论是采煤还是巷道掘进,钻眼爆破技术仍然普遍被使用。在爆破过程中引起的人员伤亡和财产损失,称为爆破事故。矿井爆破事故是常见的灾害之一,对矿井的危害较大。

### 二、井下爆破事故防治

引起矿井爆破事故的因素很多。在爆破器材的质量、贮存、管理、运送、使用或与爆破技术有关的任何一个环节出现问题,都可引发爆破事故。

（一）爆破前的防治措施

（1）所有爆破人员，包括爆破、送药、装药人员，必须熟悉爆炸材料性能和《煤矿安全规程》中的相关规定。

（2）每次爆破作业前，爆破母线必须扭结成短路；爆破工必须做电爆网路全电阻检查。严禁用发爆器打火放电检测电爆网路是否导通。

（二）爆破过程中的防治措施

（1）爆破时，严格执行“一炮三检”制度和“三人连锁爆破”制度。

（2）加强警戒。警戒人员责任心要强，警戒时不准兼做其他作业，不准睡觉、打闹、脱岗。警戒人员必须在有掩护的、警戒距离之外的地点警戒，严禁其他人员进入爆破地点。

（3）按规定装药、连线。装药时，先清除炮眼内的煤岩粉，将药卷轻轻推入，不得冲撞，炮眼内的各药卷必须彼此密接。

（4）爆破工不得随意将把手或钥匙转交他人。不到爆破时，不得将把手或钥匙插入发爆器或电力爆破接线盒。

（5）爆破母线连接脚线、检查线路和通电工作，只准爆破工一人操作。

（6）爆破时，爆破工必须发出警号，至少再等 5 s 才可起爆。

（三）爆破后的防治措施

（1）加强通风。及时吹散炮烟，作业人员必须待炮烟散尽后，才能进入工作面，避免炮烟熏人。

（2）认真检查。爆破工、瓦斯检查工、班组长必须巡视爆破地点，检查通风、瓦斯、煤尘、顶板、支架、拒爆、残爆等情况。

（3）正确处理拒爆、残爆。

矿井除一般情况下的爆破外，还会遇到爆破条件比较复杂、施工比较困难的地段。这些地段的爆破工作除遵守一般要求外，还应根据具体情况，采取特殊措施，才能保证爆破工作的安全性和可靠性。

(四) 巷道贯通时的爆破事故防治

(1) 巷道贯通前,要检查和排放贯通地点的瓦斯。当工作面和贯通地点的瓦斯浓度超过1%时,禁止贯通爆破。

(2) 独头掘进贯通爆破时,距贯通地点20 m,必须在穿透位置里外两侧设好警戒,禁止在警戒区内作业或逗留,穿透位置不清禁止爆破。

(3) 两头对掘贯通爆破,当相距20 m时(综掘巷道相距50 m时),必须停止一头作业,仍然保持通风,由一头贯通,并派专人负责警戒。

(4) 巷道贯通前,要加固支架,以防崩倒棚子和崩坏棚腿而造成倒棚冒顶。

(5) 超过贯通距离而不通时,要立即停止爆破,查明原因,重新采取贯通措施。

(五) 穿透老空区时的爆破事故防治

(1) 打眼时,如发现炮眼内出水、温度骤高骤低、有大量瓦斯涌出、煤(岩)松散等情况,要停止爆破,查明原因。

(2) 距穿透老空区15 m前,先探明老空区来源以及老空区中的水、火、瓦斯等情况。如有水、火、瓦斯,必须采取防水措施、瓦斯排放措施和火区封闭措施,否则禁止爆破。

(3) 距穿透老空区15 m前,由测量工在老空区内标明穿透位置,以便在检查时按穿透位置的实际情况采取不同措施,避免在爆破时误穿火区、水区。

(4) 穿透老空区时,要把人员撤到安全地点,并在安全地点实施爆破。爆破后,只有查明老空区情况并确认无危险后,才能恢复工作。

(六) 接近积水区时的爆破事故防治

(1) 要根据实际情况,编制切实可行的探放水设计和安全措施，否则禁止爆破。

（2）发现有透水预兆，要立即停止爆破，及时汇报，查明原因；情况危急时，人员必须立即撤离。

（3）打眼时若发现炮眼渗水，不要拔出钎杆。

（七）处理溜煤眼堵塞时的爆破事故防治

（1）必须采用取得煤矿矿用产品安全标志的用于溜煤(矸)眼的煤矿许用刚性被筒炸药，或不低于该安全等级的煤矿许用炸药。

（2）每次爆破只准使用一个煤矿许用电雷管，且最大装药量不得超过 450 g。

（3）爆破前，必须检查溜煤(矸)眼内堵塞部位的上部和下部空间的瓦斯。

（4）爆破前，必须洒水。

（5）在有安全威胁的地点爆破时，必须撤人、停电。

（八）石门揭穿煤与瓦斯突出煤层进行震动爆破时的爆破事故防治

（1）必须编制专门设计报告。爆破参数、爆破器材及起爆要求，爆破地点，反向风门位置，避灾路线及停电、撤人和警戒范围等，必须在设计报告中明确规定。

（2）震动爆破工作面，必须具有独立、可靠、畅通的回风系统。爆破时回风系统内必须切断电源，严禁人员作业和通过。在进风侧巷道中，必须设置两道坚固的反向风门。

（3）爆破 30 min 后，人员方可进入工作面检查。

（4）震动爆破应一次全断面揭穿或揭开煤层。未能一次揭穿煤层的，在掘进剩余部分时，必须按震动爆破要求进行爆破作业。

（5）应采用挡栏设施，降低震动爆破诱发突出的强度。

**【案例】**

2003 年 6 月，某矿采煤队短母线爆破，造成一起轻伤事故。事故发生在 23204 工作面的夜班，由于二斜井 1 时 30 分停运，爆破工赵某为了赶在1时30分前升井，在距爆破地点20 m处就拧响了发爆器。爆炸后飞出的块煤将爆破工赵某的头部击伤，造成其脑震荡(轻伤)。

安全提示：

(1) 爆破工应按章作业，工作面爆破母线不得少于75 m。

(2) 爆破作业必须执行“一炮三检”制度和“三人连锁爆破”制度。

# 第五章　矿井供电系统与供电安全

## 第一节　矿井供电系统

煤矿井下特殊的生产条件，决定了煤矿生产由许多环节组成，煤矿井下安全供电、用电就是其中重要的环节。确保人身安全、设备安全以及防止电气事故的发生，是煤矿电气安全的目的，也是煤矿井下电气作业人员的重要职责。

### 一、煤矿企业对供电系统的特殊要求

煤矿是电力的重要用户，电力是煤矿生产的主要能源。煤矿大多是井下作业，可靠、安全、经济、优质的供电，对煤矿生产尤为重要。为了适应煤矿企业的特点，供电应满足如下要求。

（一）供电可靠

矿井供电要求具有连续可靠性。因为煤矿供电一旦中断，不仅会造成停产，而且会导致人身事故，甚至毁坏矿井。因此，为保证煤矿供电的可靠性，供电电源应采用两回路线路，两回路电源可来自不同的变电所（或发电厂）或同一变电所的不同母线上。

（二）供电安全

煤矿是个特殊行业，供电方面的任何不安全因素，都可能会导致人身及瓦斯、煤尘爆炸等严重事故，造成不可估量的损失，所以煤矿必须采取一系列的技术措施和管理制度，确保供电的绝对安全。

（三）足够的供电能力

电力系统不仅要供给煤矿充足的电量，而且要求煤矿内部各

供电设施具有足够的供电能力。

（四）良好的供电质量

交流电的质量，主要取决于电压、频率的变化率及波形。如果电压或频率超过允许值，将严重影响用电设备的正常运行，甚至会损坏电气设备。

供电电压，是指电力系统送到煤矿的额定电压。输送 35 kV 及以上电压时，电压波动不得超过额定值的±5%；输送 10 kV 及以下电压时，电压波动不得超过额定值的±7%。

煤矿的供电，主要是保证用电设备工作时所必需的端电压。对于电动机，允许端电压偏离额定值的范围为±5%。供电频率主要由发电厂保证。

我国规定，一般电力设备使用的交流供电标准频率为 50 Hz，偏差不超过标准值±(0.2～0.5) Hz。

（五）供电经济

煤矿供电经济必须在满足以上四项特殊要求的基础上，尽量做到供电系统简单，操作方便，降低供电系统的基本建设投资和运行费、维护费。

**二、煤矿电力用户的分级**

根据停电所造成的影响不同，即根据负荷的重要性、特殊性以及供电中断所造成的危害程度不同，煤矿电力用户划分为三级管理。

（一）一级用户（负荷）

凡因突然停电会造成人身伤亡或重要设备损坏，给企业造成重大经济损失者，均是一级用户。下列用电设备应按一级用电负荷设计，其配电装置必须由两回路或两回路以上电源线路供电。电源线路应引自其上级变电所的不同母线段，且线路上不应分接任何其他负荷。

(1) 井下主排水泵及水平排水泵。

(2) 下山采区排水泵。

(3) 兼做矿井主排水泵的井下煤水泵。

(4) 经常升降人员的暗副立井提升机。

(5) 井下移动式瓦斯抽采泵站。

(6) 井下抗灾潜水泵。

(7) 防水闸门。

(8) 主通风机。

(二) 二级用户(负荷)

凡因突然停电会造成较大数量的减产或较大经济损失者,均是二级用户。下列用电设备应按二级用电负荷设计,其配电装置宜由两回电源线路供电。

(1) 暗主井提升设备、主井装载设备、大巷带式输送机、主运输用的井下电机车充电及整流设备。

(2) 经常升降人员的暗副斜井提升设备、副井井底操车设备、无轨运输换装设备。

(3) 采区综合机械化采煤及其运输的成组设备。

(4) 井下移动式制氮机。

(5) 井下制冷站。

(6) 不兼做矿井主排水泵的井下煤水泵、井底水窝水泵。

(7) 井下运输信号系统。

(8) 井下安全监控系统分站。

(9) 避难硐室设施。

(三) 三级用户(负荷)

凡突然停电对生产没有直接影响的用户供电,如煤矿井口机修厂、工业广场、生活区等,只设一回路供电,这类用户为三级用户。

用户分级管理便于调整电力负荷,合理供电。在供电系统发生故障或检修、限制用电负荷时,应能分别对待,停止三级用户供电，以保证对二级用户全部或部分供电，确保对一级用户不中断供电。

## 三、矿井供电电压等级

(1) 110 kV 或 35 kV：矿井地面变电所电源电压。

(2) 10 kV 或 6 kV：井下高压配电电压和高压电动机的额定电压，井下高压不得超过 10 kV。

(3) 3.3 kV 或 1 140 V：综合机械化采煤工作面电气设备的额定电压。

(4) 660 V：井下低压电网的配电电压。

(5) 127 V：井下照明、信号、手持式电气设备及电话的最高限额电压。

(6) 36 V：煤矿井下电气设备的远距离控制电压。

(7) 直流 250 V、550 V：井下直流架线电机车常用的额定电压。

## 四、矿井供电系统

为保证矿井供电的可靠性，矿井供电应由两个独立的电源向矿井地面变电所供电。

我国矿井一般由 110 kV 或 35 kV 专用线路供电，有些乡镇煤矿取自农用电网。距供电电源较近时，用平行两回路供电；距供电电源较远时，电源一路，另一路由相邻矿区变电所供电。

大型矿井一般采用三级供电方式，即地面变电所、井下中央变电所和采区变电所。而中小型矿井一般采用二级供电方式，即地面变电所、采区变电所。

根据矿井的井田范围、埋藏深度、地质条件，矿井供电系统分为深井供电系统和浅井供电系统。煤层埋藏深度大于 150 m 时应采用深井供电系统，小于 150 m 时应采用浅井供电系统（如斜井开拓采用钻孔下电缆方式）。典型深井供电系统如图 5-1 所示，典型浅井供电系统如图 5-2 所示。

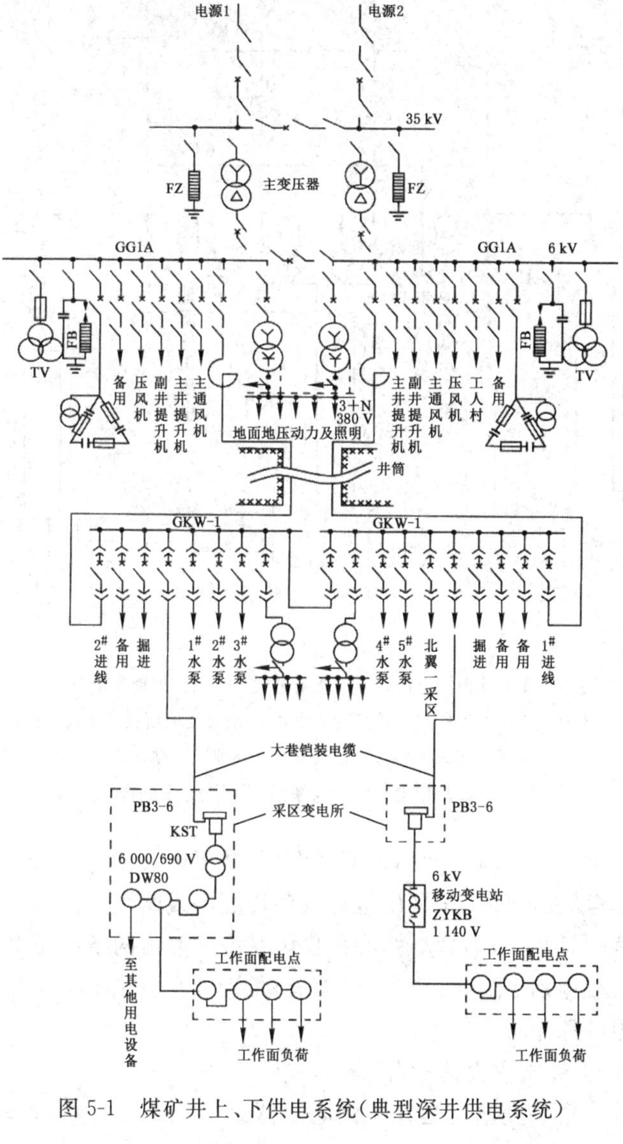


图 5-1　煤矿井上、下供电系统(典型深井供电系统)

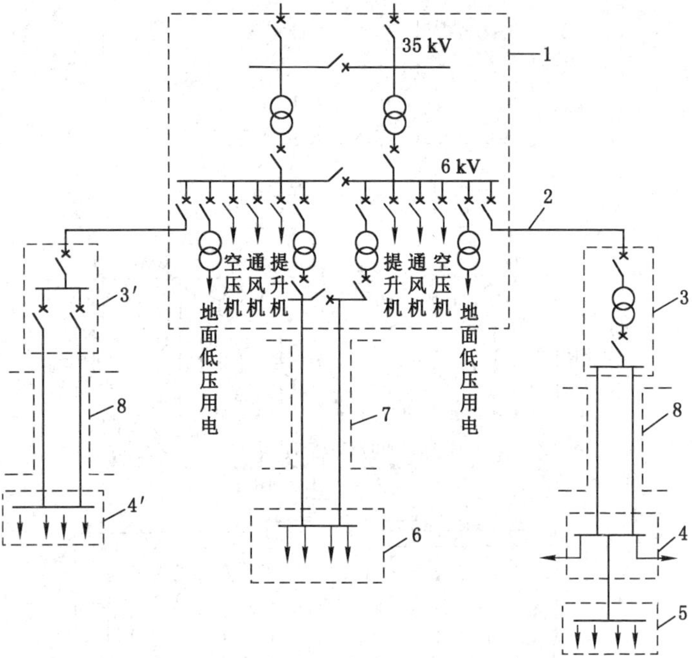


1—矿井地面变电所；2—架空输电线；3—采区地面变电所；
3′—采区地面高压配电所；4—采区配电所；4′—采区变电所；5—工作面配电点；
6—井底车场低压配电所；7—井筒；8—钻孔。

图 5-2　煤矿井上、下供电系统（典型浅井供电系统）

矿井供电系统一般由地面变电所、井下中央变电所、采区变电所（或移动变电站）、采区配电点及各输配电线路组成。

为保证供电的可靠性，井下供电系统一般由两条高压电缆、井下中央变电所、采区变电所、防爆移动变电站、工作面配电点及各输配电线路组成。

（一）井下中央变电所

井下中央变电所是井下供电的枢纽，井下主（中央）变电所应由矿井地面主变(配)电所直接供电。其电源电缆不得少于两回路，并应引自地面主变(配)电所的不同母线段，经中央变电所分段母线再分配给各采区变电所(或移动变电站)和其他负荷，井下车场低压用电由设在中央变电所中的降压变压器供电。

井下分水平主变(配)电所应由不少于两回路电源供电，应引自井下主(中央)变电所或矿井地面主变(配)电所的不同母线段。

上述电源线路，当任一回路停止供电时，其余回路的供电能力应能担负其供电范围内全部负荷的用电要求。

井下主(中央)变电所位置宜设置在靠近副井的井底车场范围内，每个水平方向宜设置一个主变电所。当多水平中的某一水平由邻近水平供电的技术经济合理时，该水平可不设主变电所供电。井下主(中央)变电所内的动力变压器不应少于 2 台，当 1 台停止运行时，其余变压器应能保证一、二级负荷用电。

当井下机电设备硐室长度超过 6 m 时，必须在硐室的两端各设 1 个出口；当与主排水泵房联合布置时，一个出口应通到井底车场或大巷，通道内应设置易于关闭的既能防水又能防火的密闭门，并设置栅栏门。另一个通到主排水泵房的出口，应设向主排水泵房开启的防火栅栏两用门。硐室门的周围不得有渗水、滴水现象；两侧及顶端应预埋穿电缆的钢管，钢管内径不应小于电缆外径的 1.5 倍。

电缆沟应设有盖板，宜采用花纹钢盖板，电缆沟宜以 3‰坡度坡向主排水泵房；井下主(中央)变电所和主要排水泵房的地面标高，应分别比其出口与井底车场或大巷连接处的底板标高高出 0.5 m；实现地面集中监控并有视频监视的变电室可不设专人值班，硐室必须关门加锁，并有巡检人员巡回检查；硐室内应设置固定照明及灭火器材。

中央变电所硐室尺寸应按设备最大数量及布置方式确定，高压配电设备的备用位置，应按设计最大数量的 20％考虑，且不应少于2台；当前期设备较少、后期设备较多时，宜按后期需要预留备用位置；低压配电的备用回路，应按最多馈出回路数的20%计算。

(二) 采区变电所

采区变电所是采区的动力中心，其电源宜由井下主(中央)变电所或附近地面变电所供电。由地面变电所供电时，电缆可由进风井或专用钻孔下井，主要任务是将高电压变为低电压，并将此电压再分配到本采区所有采掘工作面及其他用电设备。它既是矿井供电系统的主要组成部分，又是矿井供电系统安全运行的薄弱环节。

各水平采(盘)区变(配)电所的供电线路，不得少于两回路。当任一回路停止供电时，其余回路应担负全部用电负荷。

采区变电所位置的选择，对采区供电安全和供电质量有直接的影响，应符合《煤矿安全规程》和《煤炭工业矿井设计规范》的要求。

下列情况宜采用移动变电站供电：综采、连采及综掘工作面的供电；由采区固定变电所供电困难或不经济时；单一大巷掘进、附近无变电所可利用时。

向采煤工作面供电的移动变电站及设备列车宜布置在进风巷内，且距工作面的距离宜为100～150 m。由采区变电所向移动变电站供电的单回电缆供电线路上，串接的移动变电站数不宜超过3个。不同工作面的移动变电站不应共用电源电缆。对于井下综采工作面及综掘工作面供电距离较远的，其末端供配电设备可设无功补偿装置。

井下机电设备硐室应符合《煤矿安全规程》的相关规定，具体如下。

(1)《煤矿安全规程》第四百五十六条规定，永久性井下中央变电所和井底车场内的其他机电设备硐室，应当采用砌碹或者其他可靠的方式支护，应当用不燃性材料支护。

硐室必须装设向外开的防火铁门。铁门全部敞开时，不得妨碍运输。铁门上应当装设便于关严的通风孔。装有铁门时，门内可加设向外开的铁栅栏门，但不得妨碍铁门的开闭。

从硐室出口防火铁门起 5 m 内的巷道，应当砌碹或者用其他不燃性材料支护。硐室内必须设置足够数量的扑灭电气火灾的灭火器材。

井下中央变电所和主要排水泵房的地面标高，应当分别比其出口与井底车场或者大巷连接处的底板标高高出 0.5 m。

硐室不应有滴水。硐室的过道应当保持畅通，严禁存放无关的设备和物件。

(2)《煤矿安全规程》第四百五十七条规定，采掘工作面配电点的位置和空间必须满足设备安装、拆除、检修和运输等要求，并采用不燃性材料支护。

(3)《煤矿安全规程》第四百五十八条规定，变电硐室长度超过 6 m 时，必须在硐室的两端各设 1 个出口。

(4)《煤矿安全规程》第四百五十九条规定，硐室内各种设备与墙壁之间应当留出 0.5 m 以上的通道，各种设备之间留出 0.8 m 以上的通道。对不需从两侧或者后面进行检修的设备，可以不留通道。

(5)《煤矿安全规程》第四百六十条规定，硐室入口处必须悬挂“非工作人员禁止入内”警示牌。硐室内必须悬挂与实际相符的供电系统图。硐室内有高压电气设备时，入口处和硐室内必须醒目悬挂“高压危险”警示牌。

硐室内的设备，必须分别编号，标明用途，并有停送电的标志。

### （三）低压配电线路的接线方法

#### 1. 低压树干式接线方法

这种接线方法引出的配电干线少，采用的开关设备较少，干线出现故障时会使所连接的用电设备均受到影响,供电可靠性较差。如图 5-3 所示。

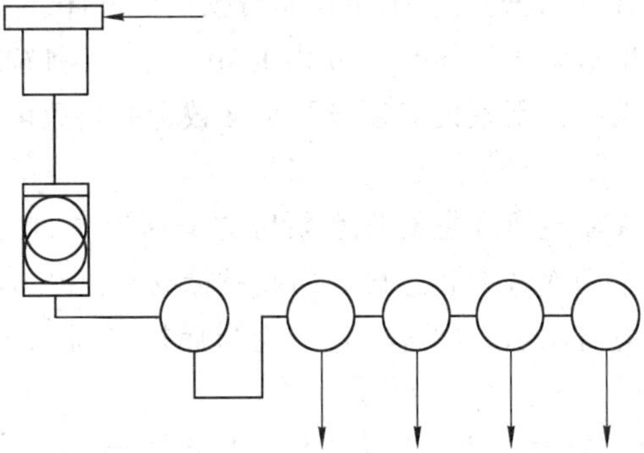

图 5-3　低压树干式接线方法

2. 低压环式接线方法

这种接线方法下,配电设备或用电设备由 2 条线路供电,供电可靠性高,一条线路发生故障或检修时,另一条线路可保证供电。但是,这种接线方法使用的电缆和设备较多,保护装置整定配合较复杂。所以,低压环式供电,多采用开环运行。如图 5-4 所示。

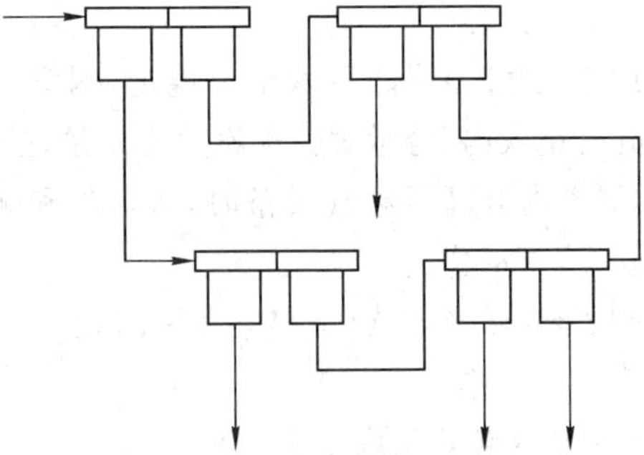

图 5-4　低压环式接线方法

3. 低压放射式接线方法

这种接线方法由低压母线或变压器二次侧将电能分配出去，经过各个电压配电干线，再供给低压供电或用电设备。这种接线方法供电可靠性较高，所用开关设备及配电线路也较多，多用于用电设备容量大、负荷性质重要等情况。如图 5-5 所示。

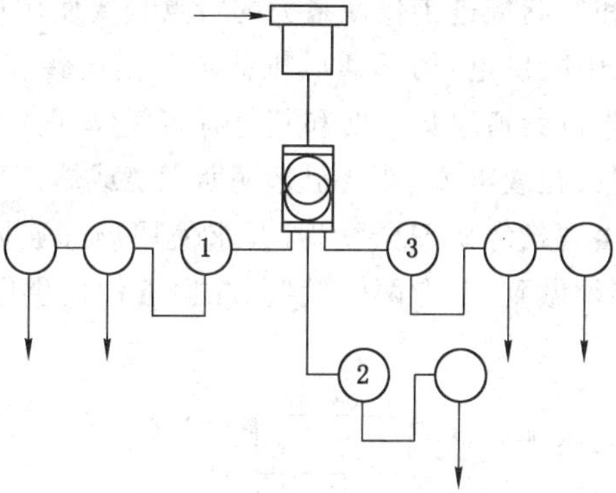


图 5-5　低压放射式接线方法

向采煤、开拓、掘进工作面供电时，由于采煤工作面负荷集中而且较大，开拓、掘进工作面一般开掘巷道较长，距采区变电所较远，往往采用移动变电站式的供电方式。

（四）工作面配电点

工作面配电点是工作面及其附近巷道供电的中心，随着工作面的推进而移动。

1. 配电点的设备组成

配电点的设备有低压配电开关、电磁启动器等。

2. 配电点的位置

（1）开关设备安装在工作面平巷壁的专用巷道内，一般距离工作面 80～100 m。

（2）开关设备等装在移动变电站平车上，在运输平巷一侧敷设轨道，平车随着工作面的推进而移动。

3. 掘进工作面的低压配电

掘进工作面相对于采煤工作面负荷较小，往往一台移动变电站就能满足一个工作面的配电需要。

掘进工作面的供电线路较长，一般属于干线式供电，但煤巷、半煤(岩)巷和岩巷掘进工作面最大的特点是要使用局部通风机进行通风，一旦中断供电，局部通风机就会停止运转，从而导致掘进工作面及其附近巷道聚集瓦斯和其他有害气体，时间稍长、气体超限时，若遇到火花或电弧，就会引起瓦斯燃烧或爆炸事故。为防止这种情况的出现，《煤矿安全规程》要求使用局部通风机通风的掘进工作面，必须做到“三专两闭锁”。综掘工作面供电系统如图 5-6 所示。

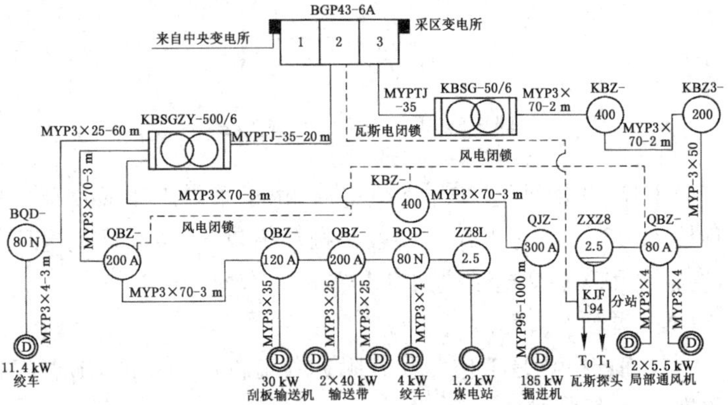


图 5-6　综掘工作面供电系统

4. 采煤工作面的低压配电

采煤工作面的低压配电，可根据采煤工作面的供电负荷容量选择一台或多台移动变电站，俗称配电点。应通过配电点集中控制台的操作按钮使开关分别向采煤机、输送机、破碎机、转载机、液压泵和清水泵供电，并能实现连锁与停电。综采工作面供电系统图如图 5-7 所示。

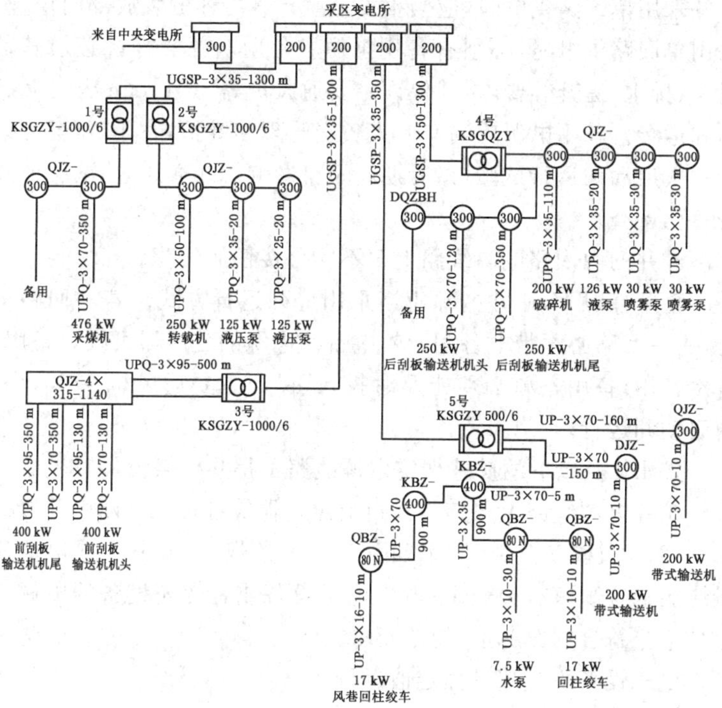


图 5-7　综采工作面供电系统

## 第二节　井下供电安全

### 一、矿井供电必须符合的要求

(1)《煤矿安全规程》第四百三十六条规定，矿井应当有两回路电源线路（即来自两个不同变电站或者来自不同电源进线的同一变电站的两段母线）。当任一回路发生故障停止供电时，另一回路应当担负矿井全部用电负荷。区域内不具备两回路供电条件的矿井采用单回路供电时，应当报安全生产许可证的发放部门审查。采用单回路供电时，必须有备用电源。备用电源的容量必须满足通风、排水、提升等要求，并保证主要通风机等在 10 min 内可靠启动和运行。备用电源应当有专人负责管理和维护，每 10 d 至少进行一次启动和运行试验，试验期间不得影响矿井通风等，试验记录要存档备查。

矿井的两回路电源线路上都不得分接任何负荷。

正常情况下，矿井电源应当采用分列运行方式。若一回路运行，另一回路必须带电备用。带电备用电源的变压器可以热备用；若冷备用，备用电源必须能及时投入，保证主要通风机在 10 min 内启动和运行。

10 kV 及以下的矿井架空电源线路不得共杆架设。

矿井电源线路上严禁装设负荷定量器等各种限电断电装置。

(2)《煤矿安全规程》第四百三十七条规定，矿井供电电能质量应当符合国家有关规定；电力电子设备或者变流设备的电磁兼容性应当符合国家标准、规范要求。

电气设备不应超过额定值运行。

(3)《煤矿安全规程》第四百三十八条规定，对井下各水平中央变（配）电所和采（盘）区变（配）电所、主排水泵房和下山开采的采区排水泵房供电线路，不得少于两回路。当任一回路停止供电时，其余回路应当承担全部用电负荷。向局部通风机供电的井下变（配）电所应当采用分列运行方式。

主要通风机、提升人员的提升机、抽采瓦斯泵、地面安全监控中心等主要设备房，应当各有两回路直接由变（配）电所馈出的供电线路；受条件限制时，其中的一回路可引自上述设备房的配电装置。

向突出矿井自救系统供风的压风机、井下移动瓦斯抽采泵应当各有两回路直接由变(配)电所馈出的供电线路。

本条上述供电线路应当来自各自的变压器或者母线段,线路上不应分接任何负荷。

本条上述设备的控制回路和辅助设备,必须有与主要设备同等可靠的备用电源。

向采区供电的同一电源线路上,串接的采区变电所数量不得超过 3 个。

(4)《煤矿安全规程》第四百三十九条规定,采区变电所应当设专人值班。无人值班的变电所必须关门加锁,并有巡检人员巡回检查。

实现地面集中监控并有图像监视的变电所可以不设专人值班,硐室必须关门加锁,并有巡检人员巡回检查。

(5)《煤矿安全规程》第四百四十条规定,严禁井下配电变压器中性点直接接地。

严禁由地面中性点直接接地的变压器或者发电机直接向井下供电。

图 5-8 为变压器中性点直接接地时,人体触及一相带电体示意图。图 5-9 为变压器中性点不接地时,人体触及一相带电体示意图。

(6)《煤矿安全规程》第四百四十一条规定,在爆炸性环境中使用的设备应当采用 EPL Ma 保护级别。非煤矿专用的便携式电气测量仪表,必须在甲烷浓度 1.0%以下的地点使用,并实时监测使用环境的甲烷浓度。

(7)《煤矿安全规程》第四百四十二条规定,井下不得带电检修电气设备。严禁带电搬迁非本安型电气设备、电缆,采用电缆供电的移动式用电设备不受此限。

检修或者搬迁前,必须切断上级电源,检查瓦斯,在其巷道风

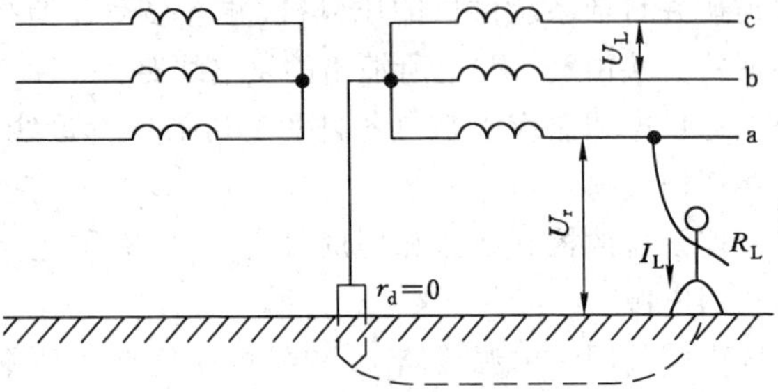


图 5-8　变压器中性点直接接地、人体触及一相带电体

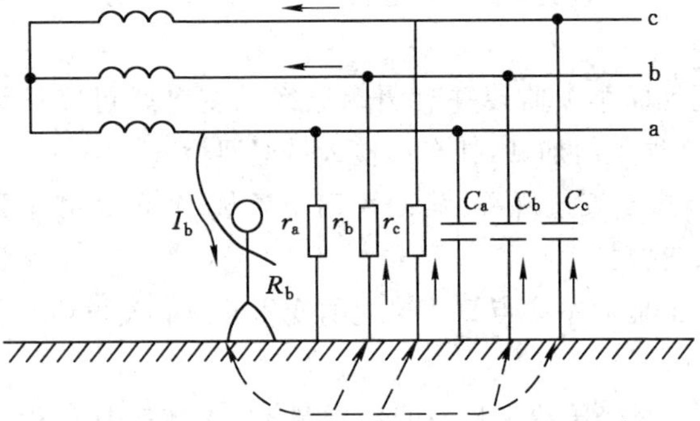


图 5-9　变压器中性点不接地、人体触及一相带电体

流中甲烷浓度低于 1.0％时，再用与电源电压相适应的验电笔检验；检验无电后，方可进行导体对地放电。开关把手在切断电源时必须闭锁，并悬挂“有人工作，不准送电”字样的警示牌，只有执行这项工作的人员才有权取下此牌送电。

(8)《煤矿安全规程》第四百四十三条规定，操作井下电气设备应当遵守下列规定：

① 非专职人员或者非值班电气人员不得操作电气设备。

② 操作高压电气设备主回路时，操作人员必须戴绝缘手套，

并穿电工绝缘靴或者站在绝缘台上。

③ 手持式电气设备的操作手柄和工作中必须接触的部分必须有良好绝缘。

(9)《煤矿安全规程》第四百四十四条规定，容易碰到的、裸露的带电体及机械外露的转动和传动部分必须加装护罩或者遮栏等防护设施。

(10)《煤矿安全规程》第四百四十五条规定，井下各级配电电压和各种电气设备的额定电压等级，应当符合下列要求：

① 高压不超过 10 000 V。

② 低压不超过 1 140 V。

③ 照明和手持式电气设备的供电额定电压不超过 127 V。

④ 远距离控制线路的额定电压不超过 36 V。

⑤ 采掘工作面用电设备电压超过 3 300 V 时，必须制定专门的安全措施。

(11)《煤矿安全规程》第四百四十六规定，井下配电系统同时存在 2 种或者 2 种以上电压时，配电设备上应当明显地标出其电压额定值。

(12)《煤矿安全规程》第四百四十七条规定，矿井必须备有井上、下配电系统图，井下电气设备布置示意图和供电线路平面敷设示意图，并随着情况变化定期填绘。图中应当注明：

① 电动机、变压器、配电设备等装设地点。

② 设备的型号、容量、电压、电流等主要技术参数及其他技术性能指标。

③ 馈出线的短路、过负荷保护的整定值以及被保护干线和支线最远点两相短路电流值。

④ 线路电缆的用途、型号、电压、截面和长度。

⑤ 保护接地装置的安设地点。

(13)《煤矿安全规程》第四百四十八条规定，防爆电气设备到矿验收时,应当检查产品合格证、煤矿矿用产品安全标志,并核查与安全标志审核的一致性。入井前,应当进行防爆检查,签发合格证后方准入井。

(14)《煤矿安全规程》第四百四十九条规定,井下电力网的短路电流不得超过其控制用的断路器的开断能力,并校验电缆的热稳定性。

(15)《煤矿安全规程》第四百五十条规定,井下严禁使用油浸式电气设备。

40 kW 及以上的电动机,应当采用真空电磁起动器控制。

(16)《煤矿安全规程》第四百五十一条规定,井下高压电动机、动力变压器的高压控制设备,应当具有短路、过负荷、接地和欠压释放保护。井下由采区变电所、移动变电站或者配电点引出的馈电线上,必须具有短路、过负荷和漏电保护。低压电动机的控制设备,必须具备短路、过负荷、单相断线、漏电闭锁保护及远程控制功能。

(17)《煤矿安全规程》第四百五十二条规定,井下配电网路(变压器馈出线路、电动机等)必须具有过流、短路保护装置;必须用该配电网路的最大三相短路电流校验开关设备的分断能力和动、热稳定性以及电缆的热稳定性。

必须用最小两相短路电流校验保护装置的可靠动作系数。保护装置必须保证配电网路中最大容量的电气设备或者同时工作成组的电气设备能够起动。

(18)《煤矿安全规程》第四百五十三条规定,矿井 6 000 V 及以上高压电网,必须采取措施限制单相接地电容电流,生产矿井不超过 20 A,新建矿井不超过 10 A。

井上、下变电所的高压馈电线上,必须具备有选择性的单相接地保护;向移动变电站和电动机供电的高压馈电线上,必须具有选择性的动作于跳闸的单相接地保护。

井下低压馈电线上，必须装设检漏保护装置或者有选择性的漏电保护装置，保证自动切断漏电的馈电线路。

每天必须对低压漏电保护进行1次跳闸试验。

煤电钻必须使用具有检漏、漏电闭锁、短路、过负荷、断相和远距离控制功能的综合保护装置。每班使用前，必须对煤电钻综合保护装置进行1次跳闸试验。

突出矿井禁止使用煤电钻，煤层突出参数测定取样时不受此限。

(19)《煤矿安全规程》第四百五十四条规定，直接向井下供电的馈电线路上，严禁装设自动重合闸。手动合闸时，必须事先同井下联系。

(20)《煤矿安全规程》第四百五十五条规定，井上、下必须装设防雷电装置，并遵守下列规定：

① 经由地面架空线路引入井下的供电线路和电机车架线，必须在入井处装设防雷电装置。

② 由地面直接入井的轨道、金属架构及露天架空引入(出)井的管路，必须在井口附近对金属体设置不少于2处的良好的集中接地。

(21)《煤矿安全规程》第十条规定，积极推广自动化、智能化开采，减少井下作业人数。

严禁使用国家明令禁止使用或者淘汰的危及生产安全和可能产生职业病危害的技术、工艺、材料和设备。

(22) 严格遵守《煤矿安全规程》的相关规定和各项安全用电作业制度。加强电气安全管理，井下供电必须做到“十不准”，同时应做到“三无、四有、两齐、三全、三坚持”。

## 二、安全用电作业制度

### (一) 工作票制度

(1) 在地面电气设备和线路上作业时，对井下高压电气设备进行检修以及对重要线路和重要工作场所进行停、送电时，都必须使用工作票，并按工作票规定的内容进行工作。

(2) 工作票的主要内容有：工作地点和工作内容；工作起、止时间；工作负责人(监护人)、工作许可人和工作人员的姓名，以及注意事项和安全措施。

(3) 工作票应由局、矿熟悉设备情况及熟悉《电业安全工作规程》和《煤矿安全规程》的局、矿主管供电负责人签发，用钢笔或圆珠笔填写，一式两份，填写内容应正确清楚，不得任意涂改。其中一份留存在工作地点，由工作负责人执存；另一份由值班员收执，按照值班制度移交。值班员应将工作票号码、工作任务、许可工作时间及完成工作时间记入操作记录簿中。

(4) 工作票应在工作前一天交给值班员，临时工作可在工作开始以前直接交给值班员。若工作内容、工作人员或工作时间有变更，应提前修改或重新填写工作票。

(5) 工作票签发人不得兼任该项工作的工作负责人。工作负责人可以填写工作票。工作许可人不得签发工作票。

(6) 工作票中所列人员的安全责任。

① 工作票签发人：负责审查工作的必要性，工作是否安全，工作票上所填安全措施是否正确完备、所派工作负责人和工作班人员是否适当和足够、精神状态是否良好。

工作负责人(监护人)：正确安全地组织工作；结合实际进行安全思想教育；督促、监护工作人员遵守有关规程的规定；负责检查工作票所载安全措施是否正确完备，值班员所做的安全措施是否符合现场实际条件；工作前对工作人员交代安全事项；检查工作班人员变动是否合适。

② 工作许可人(值班调度员、工区值班员、变电所值班员均为工作许可人)：负责审查工作票所列安全措施是否正确完备、是否符合现场条件、工作现场布置的安全措施是否完善；负责检查停电

设备有无突然来电的危险；对工作票中所列内容即使发现很小的疑问，也必须向工作票签发人询问清楚，必要时应要求其做详细补充。

③ 工作人员：认真执行有关规程规定和现场安全措施，互相关心，监督施工安全和各项安全措施的实施。

（二）高压操作工作许可制度

对地面变电所的电源进线及与进线有关的电气设备进行操作、检修时，必须得到系统主管部门调度（局电力调度或电力系统调度）的批准。对地面和井下高压电气设备（包括采区变电所内的高压设备），必须经矿生产调度的许可，方能进行检修操作。对采区（工区）内的机电设备进行检修时，一般由采区（工区）自行决定，但影响较大的，应征得矿调度的同意。采区电钳工，在特殊情况下，可对采区变电所内高压电气设备进行停、送电操作，但不得擅自打开电气设备进行修理。经维修单位机电主管人员授权者，不受此限。

在井下搬迁或增减电气设备，必须经过电气管理部门审查批准。在具体进行各项检修、操作时，还必须得到工作现场值班人员的许可。

工作许可人（工作现场值班人员）在完成施工现场的安全措施后（切断被检修设备的电源、用同电源电压相符的验电笔验电，确认无电后，检查工作地点的瓦斯浓度在 1% 以下时，进行对地放电），还应会同工作负责人到现场再次检查所做的安全措施，以手触试，证明被检修设备确无电压，并对工作负责人指明带电设备的位置和注意事项。而后双方在工作票上分别签名，工作班方能开始工作。

工作负责人和工作许可人（值班员）任何一方不得擅自变更安全措施，值班员不得变更被检修设备的运行接线方式。工作中如有特殊情况需要变更时，应事先取得对方的同意。

（三）高压倒闸、试验操作票制度和工作监护制度

为了保证人身安全，防止因误操作而引起设备损坏事故，在进行高压电气设备和线路的倒闸操作和试验操作时，必须执行规定的操作票制度和工作监护制度。

在进行倒闸操作时，应由操作人填写操作票。操作票应编号（未编号的操作票不准使用）。操作票中应写明被操作线路编号及操作顺序，停电拉闸必须按断路器、负荷侧隔离开关、母线（电源）侧隔离开关的顺序依次操作；送电合闸操作顺序与此相反，严禁带负荷拉开隔离开关。操作票内还应填入检查断路器和隔离开关的位置；检查接地线的装拆和负荷分配情况；装拆控制回路和电压互感器回路的熔断器，切换保护回路和检验是否正确、无电压等项目。

操作之前，操作人及监护人应根据线路图或模拟板认真核对操作票中所填的操作项目，并经值班负责人审核签名。

倒闸操作，必须由两人执行，其中一人监护、一人操作。操作人和监护人必须由经过培训、考试合格并经批准的人员担任，其中对操作现场和设备比较熟悉、级别较高的一人做监护人，操作中执行监护复诵制度。全部操作结束后，应进行复查。

特别重要和复杂的倒闸操作，应由熟练的值班员操作，由值班班长或值班负责人监护。除故障情况外，交接班时一般不进行倒闸操作。

在进行高压试验时，同样应由两人执行，其中一人监护、一人操作。试验前应检查试验设备的完好情况和接线正确与否，确认完好无误后，才能正式进行试验，试验中应有监护和呼唱。试验结束后，必须先断开试验电源，然后对被试验设备进行放电，并将试验设备的高压部分接地短路。在井下试验时，必须有瓦斯检查员在场检查，只有瓦斯浓度在1%以下时，才允许试验和放电。

试验现场应设遮拦，并悬挂“止步”“高压危险”的标示牌，同时

派专人看管。若被试设备的两端不在同一地点，两端均需派人看管。

在倒闸、试验操作中，操作人员应使用经过试验合格的专用绝缘工具，并按规定戴绝缘手套、穿绝缘靴或站在绝缘台(垫)上。

在整个倒闸、试验操作过程中，监护人必须始终在工作现场，对工作人员的安全操作进行监护，及时纠正违反安全的动作。原则上监护人不参加具体操作，专职监护人不得兼做其他工作。

(四) 高压停、送电制度

为了保证安全供电，防止人身触电，电气设备在进行检修、搬迁等作业时，必须遵守停电、验电、放电、装设接地线、设置遮栏和悬挂标示牌等规定程序，严禁带电作业。

电气设备在进行停电检修时，必须严格执行谁停电、谁送电的停、送电制度，中间不得换人，严禁约时停、送电。

1. 停电

停电时，必须把有关线路的电源开关全部断开，与其有关的变压器须断开高、低压两侧开关，断开的隔离开关的操作机构必须加闭锁。井下高压隔爆配电装置的断路器打开后，应向外拉出，使其隔离插头脱离电源。操作手把上均应悬挂“有人工作，禁止合闸”的标示牌。当部分设备停电时，工作人员正常活动范围与带电设备之间应设置临时遮栏，其安全距离为：10 kV 以下，不小于 0.35 m；25～35 kV，不小于 0.6 m，并应悬挂“止步”“高压危险”的标示牌。

2. 验电

停电后，必须用合格的、相应电压等级的验电器验电。验电前，应先在有电的设备上试验，确认验电器良好。验电时，绝缘棒的验电部分应逐渐接近设备，听其有无放电声，确定其是否无电压。验电时，应戴绝缘手套，有专人监护，并应对设备进、出线两侧分别验电。

3. 放电及装、拆接地线

经验电证明设备确无电压后，应立即对被检修设备接地并三相短路，使其剩余电荷放尽。接地线应用有接地和短路导线组成的成套接地线，它由多股软铜线组成，其截面不得小于25 $mm^2$，严禁用其他导线做接地线。装接地线时，应先接接地端，后接导线端，接地线应连接可靠。拆除接地线的程序与此相反。装、拆接地线时，操作人员应戴绝缘手套，人体不得碰触接地线。

在煤矿井下，上述验电、放电及装、拆接地线的操作，必须有瓦斯检查工在场，只有瓦斯浓度在1%以下时方可进行。

4. 送电

当设备检修完毕恢复送电时，必须由原来执行停电并悬挂标示牌的操作人员亲自取下此牌后，方可合闸送电。

（五）常用绝缘工具的管理制度

（1）地面变电所的绝缘工具，应有专门的工具室存放，室内应通风良好、清洁、干燥。

（2）绝缘工具应设专人保管，并负责绝缘工具的领取和发放。

（3）井下变电所的绝缘工具，应有专用的工具柜加锁存放，由值班电工管理，工具柜钥匙按值班制度移交，并应交清绝缘工具的数量及完好情况。

（4）绝缘工具应分类存放，避免扎伤、受潮和污染。

（5）如发现绝缘工具损伤或受潮，应及时进行检修和干燥处理，试验合格后方可使用。

（6）绝缘工具必须按规定定期进行绝缘性能试验，不符合试验要求者，禁止使用。

## 三、操作井下电气设备应当遵守的规定

（1）非专职人员或者非值班电气人员不得操作电气设备。

(2) 操作高压电气设备主回路时，操作人员必须戴绝缘手套，并穿电工绝缘靴或者站在绝缘台上。

(3) 手持式电气设备的操作手柄和工作中必须接触的部分必须有良好绝缘。

**四、检修、搬迁井下电气设备、电缆应遵守的规定**

井下不得带电检修电气设备。严禁带电搬迁非本质安全型电气设备、电缆，采用电缆供电的移动式用电设备不受此限。

检修或者搬迁前，必须切断上级电源，检查瓦斯，在其巷道风流中瓦斯浓度低于1.0%时，再用与电源电压相适应的验电笔检验；检验无电后，方可进行导体对地放电。开关把手在切断电源时必须闭锁，并悬挂"有人工作，不准送电"字样的警示牌，只有执行这项工作的人员才有权取下此牌送电。

**五、井下用好、管好电缆的基本要求**

(1) 严格按《煤矿安全规程》规定选用电缆。

(2) 严格按《煤矿安全规程》规定连接电缆。

(3) 合格悬挂，不埋压、不淋水。

(4) 采区应使用分相屏蔽阻燃电缆，严禁使用铝芯电缆。

(5) 盘圈、盘"8"字形电缆不得带电(采、掘机组除外)。

**六、井下安全用电"十不准"**

(1) 不准带电检修。

(2) 不准甩掉无压释放器、过电流保护装置。

(3) 不准甩掉漏电继电器、煤电钻综合保护和局部通风机的风电、瓦斯电闭锁装置。

(4) 不准明火操作、明火打点、明火爆破。

(5) 不准用铜、铝、铁丝代替保险丝。

(6) 停风、停电的采掘工作面，未经检查瓦斯，不准送电。

(7) 有故障的供电线路，不准强行送电。

(8) 电气设备的保护失灵后，不准送电。

(9) 失爆电气设备，不准使用。

(10) 不准在井下拆卸矿灯。

## 七、煤矿井下电气管理必须做到“三无”“四有”“两齐”“三全”“三坚持”

### (一) 三无

“三无”，即无“鸡爪子”，无“羊尾巴”，无明接头。

1. “鸡爪子”

(1) 橡套电缆的连接不用硫化热补或同等效能的冷补者。

(2) 电缆(包括通信、照明、信号、控制以及高低压橡套电缆)的连接不采用接线盒的接头。

(3) 铠装电缆的连接不采用接线盒、不灌注绝缘充填物或充填不严密(漏出芯线)的接头。

2. “羊尾巴”

(1) 电缆的末端不接装防爆电气设备或防爆元件者。

(2) 电气设备接线嘴(包括小型电器设备元件)2 m 内有不合格接头或明线破口者。

3. 明接头

电气设备与电缆有裸露的导体者或者明火操作者。

### (二) 四有

“四有”，即有过电流和漏电保护装置，有螺钉和弹簧垫，有密封圈和挡板，有接地装置。

### (三) 两齐

“两齐”，即电缆悬挂整齐，设备硐室清洁整齐。

### (四) 三全

“三全”，即防护装置全，绝缘用具全，图纸资料全。

### (五) 三坚持

“三坚持”，即坚持使用检漏继电器，坚持使用煤电钻、照明和信号综合保护装置，坚持使用甲烷断电仪和甲烷风电闭锁装置。

## 八、安全电流和安全电压

### （一）触电的危害

由于煤矿井下空间狭小、淋水大、潮湿、矿尘多、顶板冒落等原因，极易造成电缆及电气设备漏电，引发人身触电事故。触电对人体的危害一般可分为电击和电伤两大类：电击是指电流通过人体造成人体内部器官损伤，甚至导致残疾或死亡；电伤是指强电流瞬间通过人体的某一局部或电弧对人体表面造成的烧伤、灼伤。人身触电死亡事故多由电击造成。

### （二）影响触电伤害的因素

触电的危险程度与许多因素有关，但其主要取决于流经人体的触电电流的大小和触电时间的长短（一般人体极限安全电流为30 mA）。同时，触电电压、触电电流流经人体的途径，以及触电电流的频率、人的精神状态及健康状态，与触电的伤害程度也有密切关系。不同电流对人体的影响见表5-1 。

当流过成年人体的电流为0.7～1 mA时，便能够被感觉到，称之为感知电流。虽然感知电流一般不会对人体造成伤害，但是随着电流的增大，人体反应变得强烈，可能造成坠落事故。触电后能自行摆脱的最大电流称为摆脱电流。对于成年人而言，摆脱电流约在15 mA以下。摆脱电流被认为是人体只在较短时间内可以忍受，而一般不会造成危险的电流。在较短时间内会危及生命的最小电流称为致命电流。当通过人体的电流达到50 mA以上时，则会造成生命危险。而一般情况下，30 mA以下的电流通常在短时间内不会造成生命危险，我们将其称为安全电流。

此外，人身触电事故经常会对人体造成二次伤害。二次伤害是指因为触电引起的高空坠落，以及电气着火、爆炸等对人造成的伤害。

**表 5-1　不同电流对人体的影响**

| 电流/mA | 通电时间 | 人体反应 | |
|---|---|---|---|
| | | 交流电流 | 直流电流 |
| 0～0.5 | 连续通电 | 无感觉 | 无感觉 |
| 0.5～5 | 连续通电 | 有麻刺感 | 无感觉 |
| 5～10 | 数分钟以内 | 痉挛、剧痛，但可摆脱电源 | 有针刺感、压迫感及灼热感 |
| 10～30 | 数分钟以内 | 迅速麻痹、呼吸困难、血压升高，不能摆脱电流 | 压痛、刺痛、灼热感强烈，并伴有抽筋 |
| 30～50 | 数秒钟到数分钟 | 心跳不规则、昏迷、强烈痉挛、心脏开始颤动 | 感觉强烈，剧痛，并伴有抽筋 |
| ＞50 | 低于心脏搏动周期 | 受强烈冲击，但未发生心室颤动 | 剧痛、强烈痉挛、呼吸困难或麻痹 |
| | 高于心脏搏动周期 | 昏迷、心室颤动、呼吸麻痹、心脏停搏 | |

（三）人体触电的类型

1. 单相触电

由于电缆绝缘破损、导线金属部分外露、导线或电气设备受潮等原因使其绝缘部分的能力降低，导致站在地上的人体直接或间接地与火线接触，这时电流就通过人体流入大地而造成单相触电事故。单相触电如图 5-10 所示。

2. 两相触电

两相触电是指人体同时触及两相电源或两相带电体，电流由一相经人体流入另一相，此时，加在人体上的最大电压为线电压，其危险性最大。两相触电如图 5-11 所示。

图 5-10　单相触电

图 5-11　两相触电

3. 跨步电压触电

对于外壳接地的电气设备，当绝缘损坏而使外壳带电或导线断落，发生单相接地故障时，电流由设备外壳经接地线、接地体（或由断落导线经接地点）流入大地，向四周扩散。如果此时人站立在设备附近地面上，两脚之间会承受一定的电压，称为跨步电压。跨步电压的大小与接地电流、土壤电阻率、设备接地电阻及人体位置有关。当接地电流较大时,跨步电压会超过允许值,发生人身触电事故。特别是在发生高压接地故障时,会产生很高的跨步电压,如图 5-12 所示。跨步电压触电也是危险性较大的一种触电方式。

图 5-12　跨步电压触电

4. 高压电弧触电

当人体与带电的空气间隙小于最小安全距离时,虽未与带电体相接触,也有可能发生触电事故。这是因为空气间隙的绝缘强度是有一定限度的,当绝缘强度小于电场强度时,空气将被击穿。此时,人体常被电弧电流损伤。

5. 剩余电荷触电

停电的电气设备及电缆需要放电,否则,当人体接触到未放电的电气设备或电缆时,有可能引起触电事故。

(四) 安全电流和安全电压

1. 安全电流

安全电流是指发生触电时,不会使人致死、致伤的通过人体的最大触电电流。我国规定安全电流为 30 mA,其含义是:对于任何供电系统,必须保证发生人身触电时,触电电流不得大于

30 mA,否则,必须设置触电保护装置。

2. 安全电压

安全电流与人体电阻的乘积称为安全电压。在我国,对于人员可能经常接触的电气设备,在没有高度危险的条件下(如干燥、洁净的场所),安全电压采用 42 V;在有高度危险的条件下(如煤矿井下),安全电压采用 36 V,36 V 以上的电压为危险电压。

## 第三节　杂散电流

直流架线电机车电流的一部分或全部,没有经过钢轨回路的全程而通过大地或其他设备流回变流所的电流,叫直流杂散电流。

在井下变压器采用中性点不直接接地的供电系统中,当电网三相对地的绝缘电阻、电容不相等时,将出现零序电流。零序电流从地线或大地经漏电继电器流回电网,叫交流杂散电流。

在运输巷道,以直流杂散电流为主;在采区,以交流杂散电流为主。

### 一、矿井杂散电流的危害

(1) 矿井杂散电流可能引起电雷管的误爆炸,威胁人身安全。

电雷管中通过电流大于 300 mA 时可能爆炸,电雷管的两脚线间电压达到 1～1.5 V 时也能爆炸。从某些矿井杂散电流的实测数据可知,矿井杂散电流远远超过 300 mA,有的矿井掘进巷道的杂散电流可达到 7 A。在杂散电流的影响下,轨道与大地之间的电位差可能达到 1.5 V,甚至远远超过这个数值。因此,两根爆破导线,一根与轨道直接或间接接触,另一根与地或管路(远端与地)接触,就会引起爆炸。

(2) 矿井杂散电流腐蚀金属管路和铠装电缆金属外皮,可缩短金属铠装电缆和金属管路的使用寿命。

(3) 矿井杂散电流可能使漏电保护发生误动作。

(4) 矿井杂散电流可引起电火花,其电火花能引起瓦斯、煤尘的爆炸。

## 二、矿井杂散电流的防治措施

### (一) 直流杂散电流的防治措施

1. 改变2个电阻值

(1) 减少轨道接头电阻值。加强轨道接头的维护,保持良好的电气连接,确保接头电阻符合《煤矿安全规程》的规定。

(2) 增大轨道与大地的接触电阻,保持轨道清洁、干燥。

(3) 沿线管路和金属铠装电缆铺设支点,增加绝缘,也可增加杂散电流过渡电阻,减少杂散电流。

2. 缩短供电半径,增设变流所

当供电半径缩短以后,牵引网路上的电压降随之降低,轨道上的电压降也就同时降低。因此,杂散电流减少。

3. 设置轨道绝缘点

设置轨道绝缘点的目的,是把掘进头的轨道、采区中的轨道与架线电机车的轨道分开,这样可以避免杂散电流流到掘进头或者采区中去。

4. 减少夹在轨道上的负荷电流

(1) 双线供电接正负极法。当运输系统双线供电时,可把一架线接正极、另一架线接负极,而轨道则接其正负极之间。双线供电接正负极方式如图5-13所示。

若空重车道上的负荷均等,则轨道内几乎没有电流流过。只有空重车道上的负荷不均等时,轨道内才流有其差额电流。如轨道上无电流,杂散电流也就不会产生,所以,这种供电方式可以大大减少杂散电流。

(2) 敷设回流线法。在轨道内通过的电流很大、电压降也很大的情况下,可以在轨道适当的地点接上回流线,如图5-14所

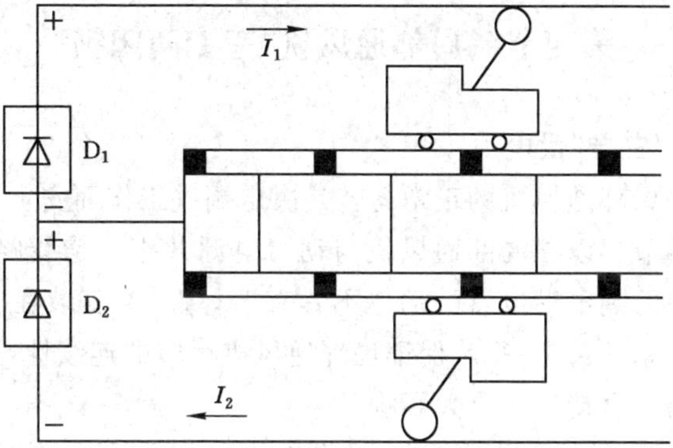


图 5-13　双线供电接正负极方式

示。回流线可用废旧的电缆接成，截面按负荷大小来计算。电缆应与大地绝缘。这样轨道内的一部分电流通过回流线流回牵引变流所负极，通过轨道内的电流相应减少，杂散电流也就相应减少。

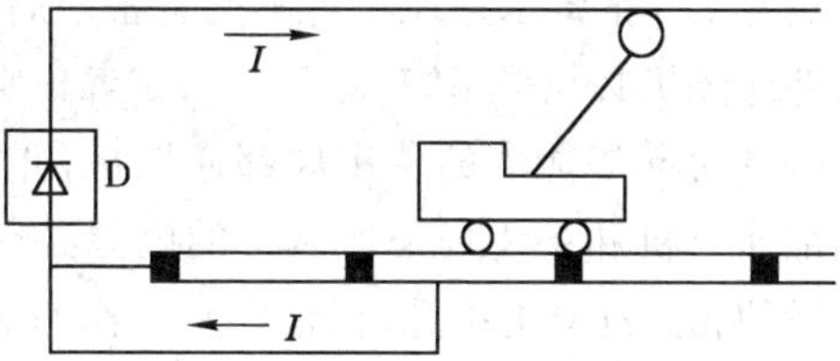


图 5-14　回流线设置

（二）交流杂散电流的防治措施

交流杂散电流的防治措施有提高交流电网绝缘水平、采用屏蔽电缆等。

## 第四节　局部通风机“三专两闭锁”

### 一、“三专”供电

保证局部通风机的正常运转是决定掘进工作面安全生产的一个重要环节。以往局部通风机与动力电源共用一趟线路，而且供电系统中的漏电继电器的动作不具有选择性，又安装在变电所低压电网的总开关上，很难保证局部通风机运转的连续性，这给掘进工作面的安全造成了重大影响。

高瓦斯、突出矿井的煤巷、半煤岩巷和有瓦斯涌出的岩巷掘进工作面，其正常工作的局部通风机必须配备安装同等能力的备用局部通风机，并能自动切换。正常工作的局部通风机必须采用“三专”(专用开关、专用电缆、专用变压器)供电，专用变压器最多可向 4 个不同掘进工作面的局部通风机供电；备用局部通风机电源必须取自同时带电的另一电源，当正常工作的局部通风机发生故障时，备用局部通风机能自动启动，保持掘进工作面正常通风。其他掘进工作面和通风地点正常工作的局部通风机可不配备备用局部通风机，但正常工作的局部通风机必须采用“三专”供电；或者正常工作的局部通风机配备安装一台同等能力的备用局部通风机，并能自动切换。正常工作的局部通风机和备用局部通风机的电源必须取自同时带电的不同母线段的相互独立的电源，保证正常工作的局部通风机发生故障时，备用局部通风机能投入正常工作。“三专两闭锁”电气系统如图 5-15 所示。

### 二、风电闭锁

风电闭锁是指为掘进工作面供风的局部通风机供风后，其工作面的瓦斯浓度在《煤矿安全规程》的规定范围内，才可人工为该工作面动力电源线路送电的电气连锁。“风电闭锁”的作用是防止停风或瓦斯超限的掘进工作面在送电后产生电火花而造成瓦斯燃

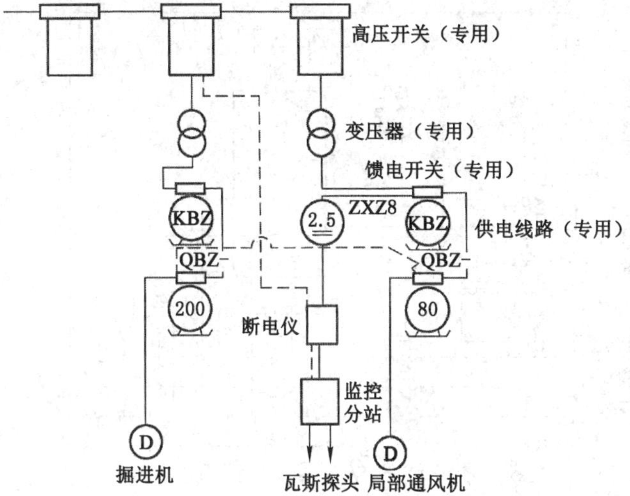


图 5-15　“三专两闭锁”电气系统

烧或爆炸。

风电闭锁是用两台磁力启动器进行连锁控制，其中一台接通风机，另一台接掘进工作面电气设备，实现先通风，后送电；风机停转时，掘进工作面的电源也同时被切断。馈电开关与局部通风机开关闭锁如图 5-16 所示。

风电闭锁的工作原理是：把启动器中的辅助常开触点通过电缆串接于启动器的控制回路中，只有局部通风机运转后，其触点闭合，启动器的控制回路才能接通，并使接触器吸合，给掘进工作面的电气设备供电。如果局部通风机停止运转，常开触点断开，切断启动器的控制回路，则掘进工作面电气设备电源被切断。

**三、瓦斯电闭锁**

瓦斯电闭锁是指掘进工作面正常供风或停风的状态下，瓦斯浓度超过规定值或整定值，从而切断掘进工作面的动力电源。这

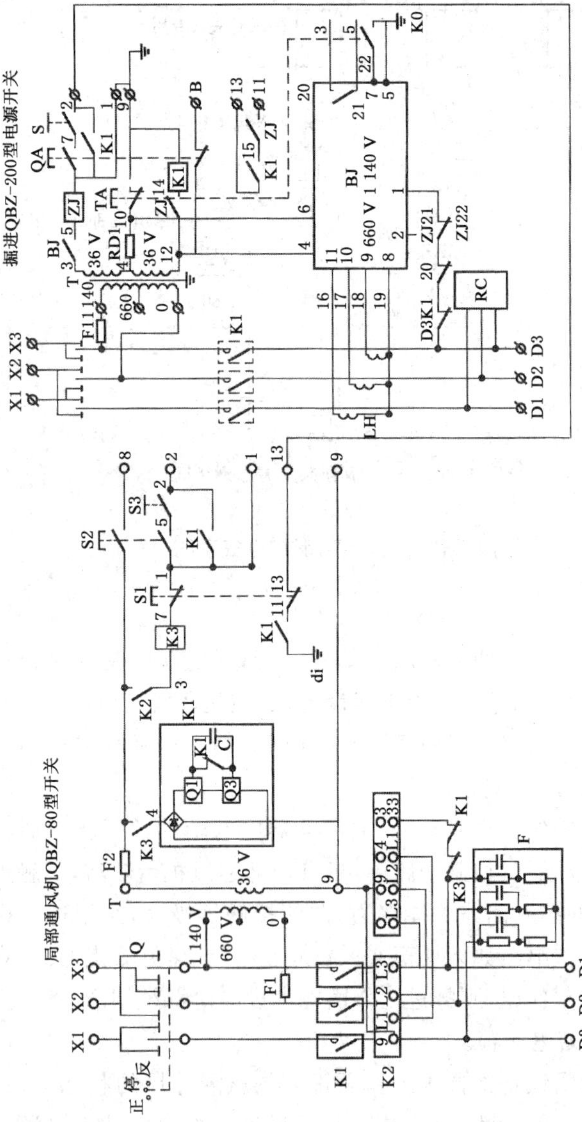


图 5-16 馈电开关与局部通风机开关闭锁

种瓦斯监控装置与动力电源开关间的连锁，称为瓦斯电闭锁。瓦斯电闭锁的作用是防止正常通风发生局部瓦斯积聚时产生电火花而引发瓦斯爆炸事故。

瓦斯电闭锁由瓦斯探头、监控系统、断电仪和高压开关组成。如图 5-17 所示，当瓦斯探头测得瓦斯浓度超限时，其常开接点 K1 闭合，接通断电仪电源；其常开接点 K2 闭合，接通高压开关内的脱扣线圈 TQ 电路，高压开关切断掘进工作面的电源，从而实现“瓦斯电闭锁”。

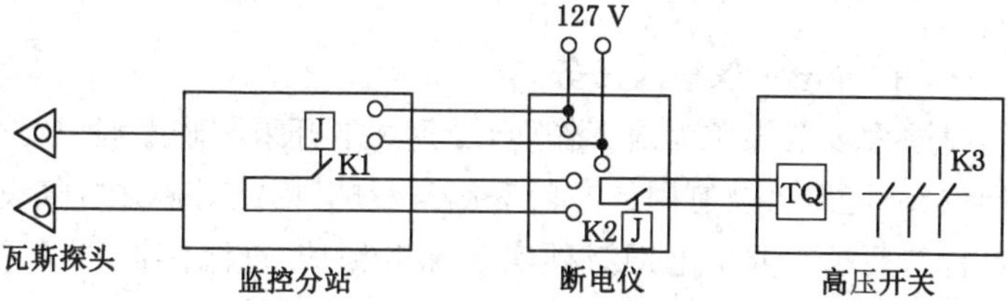


图 5-17　“瓦斯电闭锁”示意图

瓦斯电闭锁的作用：当掘进头瓦斯浓度达到 1%时，瓦斯监控器发出报警；当瓦斯浓度达到 1.5%时，立即切断掘进工作面的电源，并闭锁，以免因电火花引起瓦斯爆炸。

《煤矿安全规程》第一百七十三条规定，采掘工作面及其他作业地点风流中甲烷浓度达到 1.0%时，必须停止用电钻打眼；爆破地点附近 20 m 以内风流中甲烷浓度达到 1.0%时，严禁爆破。采掘工作面及其他作业地点风流中、电动机或者其开关安设地点附近 20 m 以内风流中的甲烷浓度达到 1.5%时，必须停止工作，切断电源，撤出人员，进行处理。采掘工作面及其他巷道内，体积大于 0.5 $m^3$ 的空间内积聚的甲烷浓度达到 2.0%时，附近 20 m 内必须停止工作，撤出人员，切断电源，进行处理。对因甲烷浓度超过规定被切断电源的电气设备，必须在甲烷浓度降到 1.0%以下时，方可通电开动。

# 第六章　矿井供电电网保护

## 第一节　矿井电气保护的任务类型及对电气保护装置的要求

### 一、矿井电气保护的任务

我国大多数煤矿为地下作业，受到井下开采阴暗潮湿、自然灾害严重、环境恶劣及有限的空间等因素影响，因此对矿井电气设备有着特殊要求。井下电网必须实现漏电保护、过流保护和保护接地，即“三大保护”。三大保护是保证井下供电安全的重要措施。

矿井电气“三大保护”的任务：防止人身触电事故，以及防止电火花引起的煤尘、瓦斯爆炸事故；防止因供电电源故障而损坏或烧毁电气设备，确保电气设备处于安全、高效、正常的良好的工作状态。

### 二、电气保护类型

(1) 电流保护：包括短路保护、过流（过负荷）保护。

(2) 漏电保护：包括非选择性漏电保护、选择性漏电保护和漏电闭锁。

(3) 保护接地：包括主接地、局部保护接地。

(4) 电压保护：包括欠电压保护、过电压保护。

(5) 单相断线保护。

(6) 风电闭锁保护、甲烷电闭锁保护。

(7) 综合保护：包括电动机保护、煤电钻保护、照明综合保护。

## 三、电气保护装置的要求

(1) 地面变电所和井下中央变电所的高压馈电线上，必须装设具有选择性的单相接地保护装置；移动变电站高压馈电线上，必须装设具有选择性的动作于跳闸的单相接地保护装置。矿井低压馈电线上，必须装设检漏保护装置或有选择性的漏电保护装置，保证自动切断漏电的馈电线路。

(2) 井下高压电动机、动力变压器的高压控制设备，应具有短路、过负荷、接地和欠压释放保护。井下由采区变电所、移动变电站或配电点引出的馈电线上，应装设短路、过负荷、接地和漏电保护装置。低压电动机的控制设备，应具备短路、过负荷、单相断线、漏电闭锁保护装置和远程控制装置。

(3) 电压在 36 V 以上和由于绝缘损坏可能带有危险电压的电气设备的金属外壳、构架、铠装电缆的钢带(或钢丝)铅皮或屏蔽护套等，必须采取保护接地措施。

(4) 在选择和使用过流保护装置时，应满足具有选择性、可靠性、快速性、灵敏性的基本要求。

(5) 井下配电网路(变压器馈出线路、电动机等)均应装设过流、短路保护装置。必须用该配电网路的最大三相短路电流校验开关设备的分断能力和动、热稳定性以及电缆的热稳定性。必须正确选择熔断器的熔体。必须用最小两相短路电流，校验保护装置的可靠动作系数。保护装置必须保证配电网路中最大容量的电气设备或同时工作成组的电气设备能够启动。

(6) 对井下电气设备和电缆设置保护装置，应严格按要求进行整定，并加强对电气设备和电缆绝缘的维护与检查。

(7) 煤电钻必须使用设有检漏、漏电闭锁、短路、过负荷、断相、远距离启动和停止煤电钻功能的综合保护装置。

(8) 井下照明和信号装置，应采用具有短路、过载和漏电保护的照明信号综合保护装置。

(9) 主接地极应在主、副水仓中各埋设1块。主接地极应用耐腐蚀的钢板制成,其面积不得小于0.75 $m^2$,厚度不得小于5 mm。在钻孔中敷设的电缆不能与主接地极连接时,应单独形成分区接地网,其接地电阻值不得超过2 Ω。

(10) 局部接地极可设置于巷道水沟或其他就近的潮湿处。设置在水沟中的局部接地极,应使用面积不小于0.6 $m^2$、厚度不小于3 mm 的钢板或具有同等效面积的钢管制成,并应平放于水沟深处。

(11) 连接主接地极的接地母线,应采用截面不小于50 $mm^2$的铜线,或截面不小于100 $mm^2$ 的镀锌铁线,或厚度不小于4 mm、截面不小于100 $mm^2$ 的扁钢。

## 第二节 煤矿井下供电系统的"三大保护"

煤矿井下供电系统的过流保护、漏电保护、保护接地统称为煤矿井下的"三大保护"。

### 一、过流保护

过流保护是指电气设备或电缆的实际电流超过了额定值。过流保护包括短路保护、过负荷保护和断相保护。

(一) 过流故障的危害及原因

1. 短路

短路是指电流不流经负载,而是两根或三根导线直接短接形成回路。短路时,供电线路的电流称为短路电流。井下电网可能出现的短路故障有两相短路、三相短路。

2. 短路电流的危害

短路电流很大,通常可达到额定电流值的几倍、几十倍,甚至几百倍。

(1) 短路电流产生大量的热,可烧毁电气设备,引起火灾或瓦斯、煤尘爆炸。

(2) 短路电流的电动力会使故障设备及其他设备遭受机械破坏。

(3) 短路会引起电网电压突然下降,影响电网中其他电气设备的正常运行等。

3. 造成电网短路故障的主要原因

(1) 电气设备或电缆的绝缘受到破坏,如绝缘老化、机械性损伤等。

(2) 不同相序的两回路电源线并联。

(3) 检修完毕的线路在送电时没有拆除三相短路接地的临时接地线。

(4) 带电检修与搬迁电气设备、电气设备防护不当等。

(二) 过负荷

过负荷又叫过载,是指电气设备和电缆的实际电流超过了该电气设备和电缆的额定电流,并超过允许过负荷时间。

过负荷的危害如下。

(1) 电气设备和线路出现过负荷后,其温度将超过所用绝缘材料的最高允许值,从而烧毁绝缘。

(2) 长期过载会扩展成漏电或短路故障。

(3) 电气设备长期超载运行、电源电压过低和断相运行等,都会使电气设备出现过负荷现象。

(4) 在重载情况下反复启动电动机,因为启动电流大会使电动机过热而被烧毁。

(5) 在井下采掘机械中,堵转也可能烧毁电动机。

(三) 断相

断相是指三相交流电动机的一相供电线路或一相绕组断线。在这种状态下运行的电动机叫单相运行。此时,电动机输出的转矩比三相运行时小得多,在其所带负载不变的情况下,工作电流增加,造成线路过热,可能烧毁电气设备。

造成断相故障的原因如下。

(1) 熔断器一相熔断。

(2) 电缆与电缆、电缆与设备的连接不牢,而使一相松动脱落,电缆一相芯线断开。

(3) 电动机定子绕组与接线端子的连接一相松动脱落等。

(四) 过流保护装置的种类和作用

目前煤矿井下低压电网过流保护装置主要有熔断器、电子式过流继电器、智能型综合保护装置等。

1. 熔断器

熔断器串接在被保护的电气设备的主回路中,当电气设备发生短路时使其熔断从而将故障线路断开。常用的熔断器有瓷插入式熔断器、螺旋式熔断器、填料式熔断器、无填料密封式熔断器、快速熔断器、自恢复熔断器等。

2. 过流继电器

过流继电器分为感应电磁式过流继电器和集成电路型过流继电器,具有定时限、反时限的特性,应用于电机、变压器等主设备以及输配电系统的继电保护回路中。当主设备或输配电系统出现过负荷及短路故障时,该继电器能按预定的时限可靠动作或发出信号,切除故障部分,保证主设备及输配电系统的安全。常用的过流继电器有 GL 型、JSL 型、JGL 型。

3. 智能型综合保护装置

除了功能单一的保护装置外,矿井供电系统中的高低压隔爆开关已普遍使用了功能全面的智能型综合保护装置。由于井下过电流发生的机会多且造成的危害巨大,所以对于电气设备和电缆都必须加以相应的过流保护。

## 二、漏电保护

(一) 漏电的定义及种类

在变压器中性点不接地电网中,发生单相接地(直接接地或经过渡阻抗接地)或两相、三相对地的总的绝缘电阻降到危险值的电气故障叫漏电故障,简称漏电。人体触及一相带电导体的情况,是单相经过渡电阻接地,也属于漏电。

按性质不同,漏电可分为集中性漏电和分散性漏电两大类。其中,分散性漏电是由于整个电网或某条线路的对地绝缘电阻降低而发生的漏电。集中性漏电则是由于电网某处或某点的绝缘损伤而发生的漏电。

1. 漏电的危害

(1) 当漏电电流的电火花能量达到点燃瓦斯、煤尘的最小能量时,可能引起瓦斯、煤尘爆炸。

(2) 长期漏电会使绝缘发热、老化,还可能烧毁电气设备,引发相间短路和电气灾害事故。

(3) 如果漏电发生在爆破作业地点附近,由于漏电电流在它流经的路径上产生电压降,当电雷管两端的引线接触漏电路径上具有电位差的两点时,则可能造成电雷管提前引爆。

2. 漏电保护装置的作用

漏电保护装置的作用有:连续监视电网对地的绝缘状态;当人体触及一相带电导体或电网发生漏电时,迅速切断电源,防止漏电事故发生。

3. 漏电的原因

(1) 运行中的电缆或电气设备受潮或进水,使绝缘电阻下降。

(2) 电气设备或电缆长期过负荷运行使绝缘老化。

(3) 电缆与电气设备的连接不符合要求,造成接头因松动、脱落而碰触金属外壳。

(4) 橡套电缆的连接不符合要求,出现“鸡爪子”、“羊尾巴”、明接头,并受潮气侵入。

(5) 用金属丝吊挂橡套电缆,使其嵌入绝缘层内而接触芯线。

(6) 接线时,将导电芯与地线接错。

(7) 橡套电缆在运行中被炮崩或受挤、压、拉、砸、砍等机械作用而使护套绝缘层破坏。

(8) 电缆因长期过度弯曲而产生裂口或缝隙,运行过程中被潮气或淋水侵入。

(9) 带电作业,人体接触一相带电导体。

(10) 在电气设备内随意增添电气元件,或者检修时将工具等导体留在设备内,使电气间隙小于规定值,导致一相对外壳放电。

(11) 操作电气设备时产生弧光对地放电。

(12) 出现严重过电压、击穿电缆或电气设备的对地绝缘。

(二) 漏电保护

目前,煤矿井下供电系统常用的漏电保护装置有漏电保护装置(非选择性)、选择性漏电保护装置等。

1. 漏电保护装置(非选择性)

漏电保护装置(非选择性)一般采用附加直流电源式保护原理,只能安装在变压器低压侧总馈电开关处。当低压电网任一点发生漏电或低压电网对地总绝缘电阻下降到漏电保护装置的动作电阻值时,就会引起总开关跳闸,使整个低压电网停电,起到保护的作用。这种保护装置的缺点是停电范围大,不易查找故障点。

2. 选择性漏电保护装置

选择性漏电保护装置一般采用零序电流方向式保护原理,安装在变压器低压侧总馈电开关控制的支路开关处。当支路开关控制的电网发生漏电故障时,能够判断出故障线路和非故障线路,有选择地发出故障信号并切断故障线路电源,而非故障部分继续供电,起到有选择地切断漏电故障线路的作用。这种保护装置缩小了停电范围,便于寻找漏电故障点,提高了供电的可靠性。

## 三、保护接地

(一) 保护接地的作用

保护接地是指用导体把电气设备中所有正常不带电的外露金

属部分，通过接地装置与大地紧密连接起来。电气设备的金属外壳在正常情况下是不带电的，但在绝缘损坏时其外壳或构架就会带电。此时，若人体触及，就会造成触电事故。保护接地是预防这类触电事故的重要措施之一。

无接地保护时，人触及带电外壳，电流几乎全部通过人体流入大地。装设保护接地后，人体与接地极构成并联，人体电阻为 1 000～2 000 Ω，接地极电阻为 2 Ω，由于接地极的分流作用，流经人体的电流大为减小，从而保证了人身安全。36 V 以上和绝缘损坏可能带有危险电压的电气设备的金属外壳，必须有保护接地。

（二）井下保护接地系统的组成

在煤矿井下敷设的主接地极、局部接地极、接地母线、辅助接地线、接地导线及连接导线形成一个总接地网，称为保护接地系统。

保护接地系统的好处，一是将各接地极并联后，可降低系统的接地电阻，提高保护的安全性；二是各接地极互为备用，一旦某接地极断路，可通过其他接地极实现保护，提高保护的可靠性。

（三）装设局部接地极的设备、地点及规定

(1) 采区变电所包括移动变电站和移动变压器。

(2) 装有电气设备的硐室和单独装设的高压电气设备。

(3) 低压配电点或者装有 3 台以上电气设备的地点。

(4) 无低压配电点的采煤工作面的运输巷、回风巷、带式输送机巷以及由变电所单独供电的掘进工作面（至少分别设置 1 个局部接地极）。

(5) 连接高压动力电缆的金属连接装置。

(6) 其他地点的局部接地极，可用直径不小于 35 mm、长度不小于 1.5 m 的钢管制成，管上应至少钻 20 个直径不小于 5 mm 的透孔，并垂直全部埋入底板；也可用直径不小于 22 mm、长度为 1 m 的 2 根钢管制成，每根管上应至少钻 10 个直径不小于 5 mm

的透孔，2 根钢管相距不得小于 5 m，并联后垂直埋入底板；垂直埋深不得小于 0.75 m。

（四）对接地母线和连接导线及其他要求

（1）电气设备的外壳与接地母线或局部接地极的连接，以及电缆连接装置两头的铠装、铅皮的连接，应采用截面不小于 25 $mm^2$ 的铜线，或截面不小于 50 $mm^2$ 的耐腐蚀铁线，或厚度不小于 4 mm、截面不小于 50 $mm^2$ 的耐腐蚀扁钢。

（2）接地网上任一保护接地点的接地电阻值不得超过 2 Ω。

（3）橡套电缆的接地芯线，除用于监测接地回路外，不得兼做他用。

## 第三节　综合保护装置

### 一、电动机综合保护器

电动机综合保护器采用先进的微机技术与高性能的集成芯片，整机功能强大，性能优越，测试精度高，线性度好，分辨率高，整机抗干扰能力强，保护动作可靠；三相电流值、电压值及各类故障代号，显示于液晶显示屏上，直观、清晰；稳定性好，对电动机实现短路、过载、断相和漏电闭锁等起到保护功能。

（一）电动机综合保护器的主要特点

采用先进的实时采样技术，配以微控制单元（MCU）处理器及带电可擦可编程只读存储器（E2PROM）存储技术，实现参数设定，掉电后设定参数仍保存下来，无须再设定。一机多用，可取代传统的电流互感器、电流表、电压表、热继电器和时间继电器等。配有 RS485 串行数字接口，便于上位机（PC）进行数字通信。

（二）电动机综合保护器的主要功能

1. 保护功能

除了具有通用的保护功能外，还有自启动、通信启动和关闭，且欠流、过压、欠压、三相电流不平衡、自启动等功能用户可取可舍。

(1) 启动保护:在启动时间内,只对断相、过压、欠压、短路及三相电流不平衡进行保护。

(2) 过压保护:当工作电压高于额定电压的15%时,动作时间≤6 s。

(3) 断相保护:当任何一相断相时,动作时间≤2 s。

(4) 堵转保护:当工作电流达到整定电流的3~8倍时,动作时间≤2 s。

(5) 短路保护:当工作电流达到整定电流的8倍以上时,动作时间≤2 s。

(6) 不平衡保护:当任何两相间的电流值相差≥60%时,动作时间≤2 s。

(7) 欠流保护:当工作电流连续低于设定的欠流门限时,动作时间≤10 s。

(8) 过流保护:过流保护动作时间为反时限保护,动作时间可根据用户需要自行设定。

2. 设置功能

智能型有设置键、数据键和移位键,当设置超范围时会提醒用户重新设置,避免误动作。基本型通过拨码或电位电器设置。

3. 报警功能

当电动机过流灯闪烁报警时,过流倍数越大,闪烁越快。或用保护器的接点外置报警器报警。

4. 显示功能

保护器通电后按设置键显示整电电流值,按数据键显示三相电流值。启动后,显示故障代码且对应的故障指示灯亮,一目了然。

5. 通信功能

通过串行数字接口实现信息传送，一台上位机可接 256 台保护器，并可对每台电机进行参数设定和启停操作，便于自动化管理。

## 二、煤电钻综合保护装置

《煤矿安全规程》第四百五十三条规定，煤电钻必须使用具有检漏、漏电闭锁、短路、过负荷、断相和远距离控制功能的综合保护装置。每班使用前，必须对煤电钻综合保护装置进行 1 次跳闸试验。突出矿井禁止使用煤电钻，煤层突出参数测定取样时不受此限。

(一) 结构

隔爆空腔为圆筒形、止口转盖式结构。主腔上部为电缆接线箱、右侧的隔离开关把手和短路、漏电保护试验按钮，壳盖上有观察窗，壳内装均是集变压器和抽屉式启动器。

(二) 工作原理

1. 控制

(1) 接通电源。

(2) 启动煤电钻。

(3) 停止煤电钻。

2. 主要保护

(1) 短路保护。

(2) 漏电保护。

(3) 过载保护。

3. 煤电钻综合保护装置的安装与维护

(1) 在搬运过程中，应避免振动和冲击，严禁翻滚。

(2) 接线前应对装置的绝缘性能做一次测定，用 500 V 兆欧表测量高低压侧绝缘电阻，应不低于 5 MΩ。测量前必须拔插件，以免造成电子器件损坏。

(3) 安装时,装置应可靠接地,辅助接地极应在接地极以外5 m处。

(4) 装置出厂时主变压器是按660 V电网接线的,若用于380 V电网,需进行改装。

(5) 安装完毕后,应进行3次短路及漏电动作试验,应可靠动作,并给出灯光信号显示。

(6) 每班使用前必须做1次跳闸试验。

**三、照明信号综合保护装置**

《煤矿安全规程》第四百七十四条规定,井下照明和信号的配电装置,应当具有短路、过负荷和漏电保护的照明信号综合保护功能。

照明信号综合保护装置的结构与煤电钻综合保护装置相似,均是集变压器、控制开关、保护装置于一体的综合装置。二者功能基本相同,只是照明信号综合保护装置不需要设置电钻不工作时、电缆不带电的功能。照明信号综合保护装置用于煤矿井下127 V照明及信号负载的供电、电流控制以及短路、漏电、风电闭锁、瓦斯电闭锁功能。

# 第七章　矿用电缆及电缆连接装置

## 第一节　矿用电缆的类型、性能及选型原则

矿用电缆分为三类:铠装电缆、橡套电缆、塑料电缆。

一、铠装电缆

所谓铠装电缆,就是用钢丝或钢带把电缆铠装起来。由于钢丝或钢带耐拉力强,所以钢丝铠装电缆多用于立井井筒或急倾斜巷道中,钢带铠装电缆多用于水平巷道或缓倾斜巷道中。铠装电缆的最大优点是绝缘强度高,适宜用作高压电缆,在井下多用于对固定设备和半固定设备的供电。如图 7-1 所示。

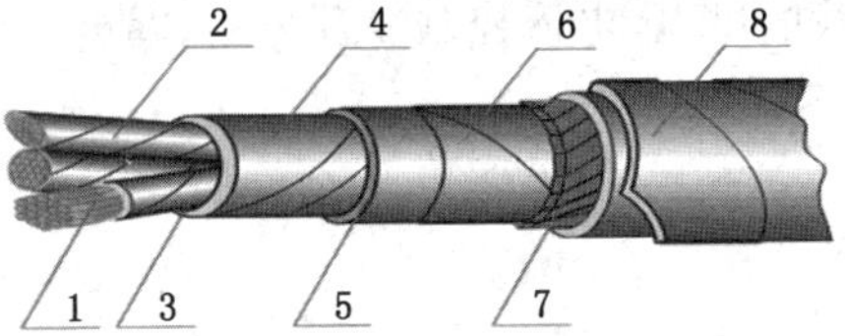


1—铜或铝绞线制成的主芯线;2—相间浸渍纸绝缘层;
3—浸渍麻绳填料(保证电缆成缆后为圆形);
4—统包浸渍绝缘层(增加相线对地的绝缘);
5—铅包层(防止潮气进入纸绝缘层而降低绝缘水平,
同时与铠装一起作为接地线);
6—涂沥青纸防腐带(保护铅包层不受空气和水的腐蚀);
7—黄麻保护层(避免铠装和铅包之间互相摩擦而损坏铅包层);
8—钢丝或钢带铠装(承受机械力,使电缆不受损伤)。

图 7-1　铠装电缆的结构

（一）铠装电缆的结构

铠装电缆的导线、芯线有铝线和铜线两种。

为了防止电缆铠装部分被腐蚀，有的电缆还在铠装外面覆盖黄麻护层。但是，在煤矿井下，特别是井下机电硐室和有木支架的巷道中，不能使用外面有黄麻护层的铠装电缆；如果使用，必须将外面的黄麻护层剥落，并在铠装上涂上防锈漆。

（二）铠装电缆的性能

1. 适用地点

(1) 钢丝铠装电缆多用于立井井筒或急倾斜巷道中。

(2) 钢带铠装电缆多用于水平巷道或缓倾斜巷道中。

(3) 铠装电缆多用于固定和半固定的设备供电。

2. 优缺点

铠装电缆的优点是绝缘强度高，耐热和安全性好；缺点是弯曲半径大，移动不方便，敷设麻烦，接头与封端要求工艺水平高。

**二、橡套电缆**

橡套电缆分为普通橡套电缆、阻燃橡套电缆和屏蔽橡套电缆3种。对于井下移动设备的供电，多采用柔软性好、能够弯曲的橡套电缆。橡套电缆主要用于向采区移动设备供电。如图7-2所示。

（一）普通橡套电缆

普通橡套电缆的外护套由天然橡胶制成。由于天然橡胶可以燃烧，并且燃烧时分解出的气体有助燃作用，容易造成火灾，因此在有瓦斯、煤尘爆炸危险的煤矿井下，不宜使用普通橡套电缆。

橡套电缆的芯线由多股铜丝或铝丝右旋或左旋方向拧成。根据芯线数不同，有4、5、6芯电缆。4芯以上的电缆中，除3根主芯线（动力芯线）和1根接地芯线外，其余的为控制芯线。

（二）橡套电缆的适用范围、优点和结构

(1) 适用范围：采区工作面、向千伏级固定设备供电的屏蔽电

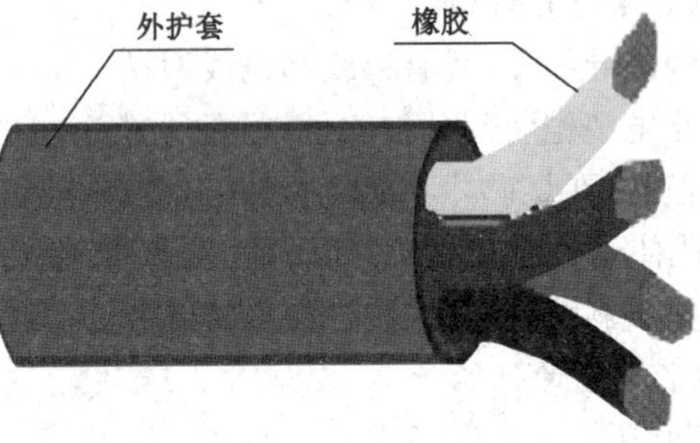


图 7-2　橡套电缆

缆和 6 kV 双层屏蔽高压电缆等。

(2) 优点:克服了电缆主芯线绝缘被破坏时造成的相间短路,可有效防止漏电火花和短路电弧的产生。

(3) 结构:主芯线、绝缘层、屏蔽层、屏蔽材料垫芯、地线。

**三、塑料电缆**

塑料电缆的芯线绝缘和护套全部采用塑料制成。

塑料电缆的适用性广,允许工作温度高、绝缘性能好、护套耐腐蚀、敷设不受落差的限制。

## 第二节　矿用电缆的选择

**一、矿用电缆选择应遵守的规定**

(1) 合格的矿用产品,有煤安标志的阻燃电缆。

(2) 严禁采用铝包电缆。

(3) 电缆实际敷设地点的水平差应与电缆规定的允许敷设差相适应。

(4) 用于移动式和手持式电气设备的电缆芯线的电阻值,用作保护接地用的电缆芯线的电阻值,都不得超过 1 Ω。其他电气设备用的电缆，用作接地芯线电阻不超 2 Ω。

(5) 在固定敷设的高压电缆立井井筒或者倾角为 45°及以上的井巷内，规定采用粗钢丝铠装不滴流铅包纸绝缘电缆和粗钢丝交联聚乙烯绝缘电缆等。

(6) 在水平巷道或者倾角在 45°以下的井巷内，采用钢带不滴流铅包和聚氯乙烯绝缘钢带或细钢丝铠装聚氯乙烯护套电力电缆。

(7) 非固定敷设的高压电缆采用符合 MT 818 及 MT/T 818 系列标准的橡套软电缆。

(8) 铝芯电缆只能用在进风斜井、井底车场及其附近，井中变电所至采区变电所之间的电缆及其他地点必须采用铜芯电缆。

(9) 移动变电站供电电缆，采用监视型屏蔽橡胶电缆。

(10) 对于低压动力电缆，固定的用 MVV 铠装或非铠装电缆或相等压的橡套软电缆；非固定的采用符合 MT 818 及 MT/T 818 系列标准的橡套软电缆。

(11) 照明、通信、信号采用通信或橡套电缆。

### 二、电缆截面的选择

(1) 按经济性选择，包括电缆购买经济和用电量经济。

(2) 按安全规程和用电规程及产品技术指标参数规定选择。

(3) 按使用时间和运行安全选择。

### 三、电缆长度的确定

(1) 铠装电缆全长比实际长度增加 5%。

(2) 固定敷设的长度比实际长度增加 10%。

(3) 移动设备用线应按移动最大长度数另加 3～10 m 活动电缆确定。

### 四、电缆线芯数的选择

动力干线，一般用 4 芯电缆。采掘面线应考虑控制等方面因素增加线芯，专用通信线要选有备用线芯线。

## 第三节　矿用电缆连接装置

电缆连接装置是电缆与电气设备连接、电缆之间连接或分支必不可少的装置。按照用途不同，电缆连接装置可分为终端连接装置和中间连接装置，其中中间连接装置按照供电电压的不同，又可分为高压接线盒和低压接线盒。按绝缘材料不同，电缆连接装置可分为热灌绝缘胶接线盒、环氧树脂接线盒、干包接线盒和塑料接线盒等。

### 一、BHG 系列矿用隔爆型高压电缆接线盒

BHG 系列矿用隔爆型高压电缆接线盒是目前煤矿井下常用的高压电缆接线盒，适用于煤矿井下的环境中，供橡套电缆、铠装电缆和交联电缆连接、分支使用。它由壳体和联通节组成隔爆腔体。壳体和壳盖均由特殊钢板焊接而成。橡套电缆的联通节采用密封圈压盘式电缆引入装置；铠装电缆或交联电缆的联通节采用环氧树脂灌装密封式电缆引入装置。隔爆空腔内装有 3 只接线瓷座，接线瓷座的接线柱上开有 U 形缺口，用特制压紧装置使电缆之间可靠连接。隔爆空腔内有供监视和检测用的辅助接线端子。

BHG 系列矿用隔爆型高压电缆接线盒有两通、三通，其额定电压为 6 kV，额定电流有 200 A、400 A 规格。

### 二、BHD2 系列矿用隔爆型低压电缆接线盒

BHD2 系列矿用隔爆型低压电缆接线盒是目前煤矿井下常用的低压电缆接线盒，由压盘、密封圈、钢制堵板、金属垫圈、压板组成引入装置，由外壳、壳盖、引入装置组成一个完整的隔爆空腔。隔爆空腔内设有接线座和内接地螺栓，壳外设有外接地螺栓。接线盒的进、出电缆用压板压紧，防止电缆松脱，并用密封圈封堵，以防止形成传爆通路。

BHD2 系列矿用隔爆型低压电缆接线盒有两通、三通、四通；

额定电压有交流电压 1 140 V、660 V、380 V、127 V、36 V，直流电压 48 V、36 V、24 V、12 V；额定电流有 500 A、400 A、315 A、200 A、160 A、100 A、63 A、40 A、20 A、10 A 等多种规格。

### 三、电缆连接器的运行

高压电缆连接器投入运行后，要经常监视其运行情况，注意高压配电箱中的漏电情况，监视保护可靠性。高压电缆连接器的悬挂方式也应经常检查，如不符合要求，应及时纠正。

应随时检查连接器和所连接电缆的温度，如果发现异常，必须查出原因，及时纠正。每次高压配电箱跳闸后，都要检查各个连接器，注意有无异常温度、异常气味。如果发现跳闸是由于电缆或高压连接器引起的，则应停电、放电，并对该连接器进行解体检查。拆开连接器后，要先检查插杆有无烧损，检查有无异常温度及气味，检查绝缘件上有无老化裂纹或其他损伤。如一切正常，则给连接器加上保护盖，并把插杆保存好。

# 第八章　矿用电气设备

## 第一节　矿用电气设备的类型及特点

### 一、矿用电气设备的类型及适用条件

煤矿井下使用的电气设备，按使用场所、设备类型不同，可分为矿用一般型和矿用防爆型。矿用一般型电气设备是指专为煤矿井下生产的非防爆的电气设备，在无瓦斯、煤尘爆炸的场所使用。煤矿井下有爆炸危险的场所必须使用防爆电气设备。

（一）矿用一般型电气设备

矿用一般型电气设备是一种没有采取防爆措施的电气设备，在其外壳的明显处有“KY”标志。矿用一般型电气设备和一般电气设备在爬电距离、绝缘、电气间隙、防潮防尘和井下运输条件等方面有很多不同，如矿用一般型电气设备外壳坚固、封闭；防潮防溅；爬电距离及电气间隙较大（爬电距离是指不同电位两个导体之间沿绝缘材料表面的最短距离，电气间隙是指两个裸露导体之间的最短空间距离）；有电缆引入装置，并能防止电缆扭转、拔脱和损伤；开关的手把和门盖有连锁装置等。

矿用一般型电气设备主要适用于煤矿井下无瓦斯、煤尘爆炸的场所，还可适用于瓦斯矿井的井底车场、总进风巷和主要进风巷，也适用于使用架线电机车运输的巷道中及沿该巷道的机电硐室内（包括照明、通信、自动化装备和仪器仪表等）。

（二）矿用防爆型电气设备

矿用防爆型电气设备是指允许在爆炸性环境中使用的电气设

备。按照使用环境爆炸性物质的不同，以及防爆原理、防爆形式的不同，矿用防爆型电气设备可分为多种形式。

1. 隔爆型电气设备

具有隔爆外壳的电气设备称为隔爆型电气设备。这类电气设备具有耐爆性和不传爆性等特点，标志符号为“d”。煤矿常用的隔爆型电气设备有高压防爆开关、低压馈电开关、起动器、电动机、接线盒等。

2. 增安型电气设备

为了提高电气设备的安全性，在设备的结构、制造工艺以及技术条件等方面采取一系列措施，能够避免在运行和过载时产生电弧、火花和过热现象。实现电气防爆的电气设备，称为增安型电气设备，其标志符号为“e”。

3. 本质安全型电气设备

全部采用本质安全电路的电气设备称为本质安全型电气设备。在本质安全型电气设备中，本质安全电路的连接导线为蓝色。本质安全型电路，连接到端子的外部导体的裸露导体部件和接地金属或其他导体部件之间的最小电气间隙应不小于 3 mm。在正常工作或故障条件下产生的电火花和热效应，均不能点燃爆炸性混合物。本质安全型电气设备的标志符号为“i(ia、ib)”。本质安全型电气设备安全性高，但是其电路容量低、限制性较大，因此，煤矿常用的本质安全型电气设备主要用于通信、监测监控、自动化装置以及测量仪器仪表中。

此外，矿用防爆型电气设备还有正压型电气设备，其标志符号为“p”；充油型电气设备，其标志符号为“o”；充砂型电气设备，其标志符号为“q”；浇封型电气设备，其标志符号为“m”。

**二、《煤矿安全规程》对井下电气设备的一般规定**

(1)《煤矿安全规程》第四百八十一条规定，电气设备的检查、维护和调整，必须由电气维修工进行。高压电气设备和线路的修理和调整工作,应当有工作票和施工措施。

高压停、送电的操作,可以根据书面申请或者其他联系方式,得到批准后,由专责电工执行。

采区电工,在特殊情况下,可对采区变电所内高压电气设备进行停、送电的操作,但不得打开电气设备进行修理。

(2)《煤矿安全规程》第四百八十二条规定,井下防爆电气设备的运行、维护和修理,必须符合防爆性能的各项技术要求。防爆性能遭受破坏的电气设备,必须立即处理或者更换,严禁继续使用。

(3)《煤矿安全规程》第六百一十七条规定,严禁带电检修、移动电气设备。对设备进行带电调试、测试、试验时,必须采取安全措施。

移动带电电缆时,必须检查确认电缆没有破损,并穿戴好绝缘防护用品。

采用快速插接式的高压电缆头严禁带电插拔。

(4)《煤矿安全规程》第六百一十八条规定,操作电气设备必须遵守下列规定:

① 非专职和非值班人员,严禁操作电气设备。

② 操作高压电气设备回路时,操作人员必须戴绝缘手套、穿电工绝缘靴或者站在绝缘台上。

③ 手持式电气设备的操作柄和工作中必须接触的部分,必须有合格的绝缘。

④ 操作人员身体任何部分与电气设备裸露带电部分的最小距离应当执行国家相关标准。

(5)《煤矿安全规程》第六百一十九条规定,检修多用户使用的输配电线路时,应当制定安全措施。

(6)《煤矿安全规程》第六百二十条规定,采场内(变电站、所及以下)配电线路的停送电作业应当遵守下列规定:

① 计划停送电严格执行工作票、操作票制度。

② 非计划停送电，应当经调度同意后执行，并双方做好停送电记录。

③ 事故停电，执行先停电，后履行停电手续，采取安全措施做好记录。

④ 严禁约时停送电。

(7)《煤矿安全规程》第六百二十一条规定，高压变配电设备和线路的检修及停送电，必须严格执行停电申请和工作票制度。

停电线路维修作业必须遵守下列规定：

① 必须由负责人统一指挥。

② 必须有明显的断开点，该线路断开的电源开关把手，必须专人看管或者加锁，并悬挂警示牌。

③ 停电后必须验电，并挂好接地线。

④ 作业时必须有专人监护。

⑤ 确认所有作业完毕后，摘除接地线和警示牌，由负责人检查无误后通知调度恢复送电。

(8)《煤矿安全规程》第六百二十二条规定，雷电或者雷雨时，严禁进行倒闸操作，严禁操作跌落开关。

(9)《煤矿安全规程》第四百四十四条规定，容易碰到的、裸露的带电体及机械外露的转动和传动部分必须加装护罩或者遮栏等防护设施。

(10)《煤矿安全规程》第四百四十八条规定，防爆电气设备到矿验收时，应当检查产品合格证、煤矿矿用产品安全标志，并核查与安全标志审核的一致性。入井前，应当进行防爆检查，签发合格证后方准入井。

(11)《煤矿安全规程》第四百五十条规定，井下严禁使用油浸式电气设备。

40 kW 及以上的电动机，应当采用真空电磁起动器控制。

(12)《煤矿安全规程》第四百五十一条规定，井下高压电动机、动力变压器的高压控制设备，应当具有短路、过负荷、接地和欠压释放保护。井下由采区变电所、移动变电站或者配电点引出的馈电线上，必须具有短路、过负荷和漏电保护。低压电动机的控制设备，必须具备短路、过负荷、单相断线、漏电闭锁保护及远程控制功能。

## 三、煤矿常用的供配电设备

### (一) 高压开关设备

高压开关设备主要包括高压断路器、高压隔离开关和高压负荷开关等。

#### 1. 高压断路器

高压断路器不但可以切断或闭合高压电路中的空载电流和负荷电流，而且当系统发生故障时，可以通过继电器保护装置的作用，切断过负荷电流和短路电流。它具有相当完善的灭弧结构和足够的断流能力，可分为油断路器(包括多油断路器、少油断路器)、六氟化硫断路器、真空断路器、压缩空气断路器等。高压断路器的作用主要有:① 控制作用。根据电力系统运行的需要，将部分或全部电气设备，以及部分或全部线路投入或退出运行。② 保护作用。当电力系统某一部分发生故障时，它和保护装置、自动装置相配合，将该故障部分从系统中迅速切除，缩小停电范围，防止事故扩大，保护系统中各类电气设备不受损坏，保证系统无故障部分安全运行。

#### 2. 高压隔离开关

高压隔离开关是高压电路中重要的开关电器，需与高压断路器配套使用。高压隔离开关的主要功能是:保证高压电器及装置在检修工作时的安全，隔离电压。高压隔离开关不能用于切断、投入负荷电流和开断短路电流，仅可用于不产生强大电弧的某些切换操作，即不具有灭弧功能。

3. 高压负荷开关

高压负荷开关是一种功能介于高压断路器和高压隔离开关之间的电器，常与高压熔断器串联配合使用，主要用于控制电力变压器。高压负荷开关具有简单的灭弧装置，能通断一定的负荷电流和过负荷电流，但是不能断开短路电流，所以，一般与高压熔断器串联使用，借助熔断器来进行短路保护。

（二）矿用变压器（移动变电站）

矿用变压器是一种可移动的成套的供、变（配）电装置，用来改变交流电压的大小，适用于有甲烷混合气体和煤尘等有爆炸危险的矿井。矿用变压器外壳为全波纹，两边为开盖式和上开盖式结构，具有机械强度高、温升慢、散热效果好等优点，可在高温下持续满负荷运行。常用的矿用变压器有 KBSG 型、KBSGZY 型等。

移动变电站由矿用隔爆型干式变压器、隔爆型高压负荷开关箱、隔爆型低压馈电开关箱组成，具有容量大、体积小、功能完善、安全可靠、运输方便等特点。

（三）高压配电

高压配电装置是电力系统中的重要组成部分，负责电能的传输、分配和控制。它主要由高压开关设备、绝缘与接线材料、变压器与互感器、断路器与熔断器、隔离开关与避雷器、电抗器与调节设备、测量仪器与母线以及保护设施与辅助设备等构成。

高压配电装置各组成部分相互协作，共同实现电能的传输、分配和控制。了解并掌握这些组成部分的功能和特点，对于保障电力系统的安全稳定运行具有重要意义。

（四）低压配电开关

煤矿用低压配电开关有低压配电柜和低压隔爆配电装置两类。

低压配电柜具有分断能力强、动热稳定性好、组合方便、系列性强、实用性强、结构新颖等特点，其常用型号有 GCS、GCK、

MNS、GGD、PGL 等。

井下使用的低压隔爆配电装置有馈电开关和磁力起动器两大类,一般配置真空断路器或真空接触器。矿用隔爆型馈电装置的功能是控制馈电主回路的供电,包括短路保护、过负荷保护、漏电保护和电容电流补偿等。常用的真空馈电装置型号有 KBD、KZ、KBZ、BBD、KZDF 等。矿用隔爆磁力起动器是控制电动机运转的重要设备,具有失压保护、过载保护、短路保护和断相保护功能,主回路具有接通和分断能力。常用的真空磁力起动器型号有 QCZ、QIZ、BQD、QBZ 等。

## 第二节　矿用防爆型电气设备

### 一、防爆电气设备的级别及防护等级

#### (一) 标志与类别

1. 标志

按国标生产的专为煤矿井下使用的防爆电气设备的类别、级别和组别与防爆总标志“Ex”一起,构成了防爆电气设备的标志。

2. 类别

防爆电气设备按照使用地点不同,分为Ⅰ类(用于煤矿井下的电气设备)、Ⅱ类(用于除煤矿以外的非甲烷类爆炸气体环境使用的电气设备)和Ⅲ类(用于除煤矿以外的爆炸性粉尘环境的电气设备)。

#### (二) 防护等级

IP 等级系统提供了一个以电气设备和包装的防尘、防水和防碰撞程度对产品进行分类的方法。防护等级多以 IP 后跟随两个数字来表述(数字用来明确防护的等级):第一个数字表明设备抗微尘的范围,或者是人们在密封环境中免受危害的程度;第二个数字表明设备防水的程度。

## 二、矿用防爆型电气设备的通用要求

矿用防爆型电气设备的通用要求体现在表面温度、环境温度、接地及引入装置等方面。

### （一）表面温度

当电气设备表面可能堆积煤尘时，最高表面温度不应超过150 ℃；当电气设备表面不会堆积煤尘时，最高表面温度不应超过450 ℃。

### （二）环境温度

防爆电气设备使用的环境温度一般为－20～40 ℃，环境气压为0.8～1.1 MPa。

### （三）接地

所有电气设备都必须进行接地，以确保设备运行的安全可靠。

#### 1. 外接地螺栓

金属外壳的电气设备和铠装电缆的接线盒，必须具有外接地螺栓。携带式和移动式电气设备，可不设外接地螺栓，但必须采用有接地芯线的电缆。外接地用的螺栓直径要求如下。

（1）功率大于10 kW的设备，不得小于M12。

（2）功率为5～10 kW的设备，不得小于M10。

（3）功率为250～5 000 W的设备，不得小于M8。

（4）功率不大于250 W且电流不大于5 A的设备，不得小于M6。

（5）本质安全型电气设备和仪器仪表类，外接地螺栓压紧接地芯线即可。

#### 2. 内接地螺栓

电气设备接线盒内部（当采用直接引入方式时，则在主空腔内部）必须设有专用的内接地螺栓，但电机车上的电气设备和电压不高于36 V的电气设备除外。内接地螺栓的直径必须符合下列规定。

(1) 当导电芯线截面不大于 35 $mm^2$ 时，应与接地螺栓直径相同。

(2) 当导电芯线截面大于 35 $mm^2$ 时，应不小于连接导电芯线截面积 1/2 的螺栓直径，但至少等于 35 $mm^2$ 芯线的螺栓直径。所有内外接地螺栓，都应标示接地符号“⏚”。接地螺栓应采用不锈材料制成，或进行电镀等防锈处理。

(四) 引入装置

引入装置是防爆电气设备外电路的电缆或导线进入设备内的过渡装置，是防爆电气设备的薄弱环节。引入装置的密封性要求非常严格，常用的密封引入装置有以下 3 种。

(1) 密封圈式引入装置。此种装置应用最为广泛，分为压盘式和压紧螺母式两种。

(2) 浇封固化填料密封式引入装置。

(3) 金属密封环式引入装置。

引入装置所使用的密封圈只有硬度适宜才能起到密封和防松作用，以确保其防爆性能安全可靠。引入装置必须具有防松和防止拔脱装置。

## 三、矿用防爆型电气设备的性能特点

### (一) 隔爆型电气设备的性能特点

隔爆型电气设备是将正常工作或事故状态下可能产生火花的部分放在一个或几个外壳中，这种外壳除了将其内部的火花、电弧与周围环境中的爆炸性气体隔开外，当进入壳内的爆炸性气体混合物被壳内的火花、电弧引爆时外壳不致被炸坏，也不致使爆炸物通过连接缝隙引爆周围环境中的爆炸性气体混合物。这种特殊的外壳叫作隔爆外壳。具有隔爆外壳的电气设备叫作隔爆型电气设备。

1. 隔爆原理及性能

隔爆接合面的长(宽)度、间隙和加工精度，是决定隔爆性能的重要参数，直接关系着隔爆外壳的隔爆性能。

隔爆接合面的长(宽)度,是指从隔爆腔内部通过隔爆接合面到外壳外部的最短通路长度,即一对隔爆接合面相接触的有效长度。对隔爆接合面的规定,是由隔爆腔净容积大小来决定的。快动式门或盖的隔爆接合面的最小有效长度须不小于 25 mm。

隔爆接合面间隙,是指接合面的相对表面间隙的距离。一般根据隔爆型电气设备的类别、级别、隔爆外壳的容积、隔爆接合面而规定其间隙的最大值。

隔爆接合面粗糙度,主要影响其间隙的最大值,故需要一定的规定。对粗糙度的要求,是由接合面的结构来确定的。隔爆接合面的表面粗糙度不大于 6.3 μm,操纵杆的表面粗糙度不大于 3.2 μm。

2. 技术要求、特点及使用条件

防爆型电气设备的连接件必须保证导线连接可靠,在振动和温度的影响下,不产生连接松动、火花、过热、接触不良等现象。

在平面对平面的隔爆结构中,当法兰长度确定后,法兰厚度的设计选择要保证在爆炸压力的作用下,法兰的变形程度不会影响隔爆间隙的大小。

为了确保隔爆面间隙,隔爆面的防腐蚀措施也十分重要。一般采用磷化、电镀、涂防锈油等方法进行防腐处理,但绝对不能涂油漆,因为油漆的漆膜在高温作用下会分解,从而使隔爆间隙变大,影响隔爆性能。

对于隔爆接合面所用的紧固件也必须有防锈和防松的措施。只有外壳零件紧固后,才能构成一个完整的隔爆外壳。

隔爆电气设备的特点是防护能力强、防潮性好,具有隔爆和耐爆性能,所以适用于煤矿井下有爆炸危险的环境中。

(二) 增安型电气设备的性能特点

增安型电气设备是指,对于那些在正常运行条件下不会产生电弧、火花和危险温度的矿用电气设备,为了提高其安全程度,在设备的结构、制造工艺以及技术条件等方面采取一系列措施，从而避免设备在运行和过载条件下产生火花、电弧和危险温度，实现电气防爆。增安型电气设备的安全性能达到什么程度，不但取决于设备的自身结构形式，也取决于设备的使用环境和维护的情况。能制成增安型电气设备的仅是那些在正常运行中不产生电弧、火花和过热现象的电气设备，如变压器、电动机、照明灯具等电气设备。

对增安型电气设备要做到接线方便，操作简单，保持连接件具有一定的压力。电气设备的电缆和导线的连接大部分是通过连接件实现的。连接件主要由导电螺杆、接线座等部件组成。内部导线连接有防松螺栓连接、挤压连接（如压线钳）、硬焊连接和熔焊连接方式。

增安型电气设备的要求有：制成有效的防护外壳，选择合适的电气间隙和爬电距离；提高绝缘材料的绝缘等级；限制设备的温度；实现电路和导线可靠的连接；有较好的防水、防外物能力，对有绝缘带电部件的外壳防护等级达到 IP44，对有裸露带电部件的外壳防护等级达到 IP54。增安型电气设备的防爆能力不如隔爆型电气设备，因此，在瓦斯爆炸危险性较大的场所不准使用增安型电气设备。

（三）本质安全型电气设备的性能特点

1. 防爆原理及性能

本质安全型电路就是在规定的试验条件下正常工作或规定的故障状态下产生的电火花和热效应，均不能点燃规定的爆炸性混合物的电路。本质安全型电气设备是通过限制电路的电气参数（如降低电压、减小电流等），进而限制放电能量实现电气防爆的。所以，它不需要专门的隔爆外壳，这就大大缩小了设备的体积、减轻了设备的质量、简化了设备的结构。

2. 技术要求、特点及适用条件

本质安全型电气设备的外壳可用金属、塑料及合金制成。外壳的强度及防尘、防水、防外物能力应符合国家规定。对一般环境中使用的设备，其防护等级不低于 IP20；对用于采掘工作面使用的设备，其防护等级不低于 IP54。

本质安全型电气设备具有结构简单、体积小、质量轻、制造维修方便、安全、可靠等特点。

# 第九章　采掘及运输机械设备的安全运行

## 第一节　采煤机的安全运行

### 一、采煤机的种类及组成

采煤机是煤矿机械化采煤完成落煤、装煤的主要机械设备。目前，煤矿井下广泛使用的采煤机械有刨煤机、连续采煤机和滚筒式采煤机，其中滚筒式采煤机应用较多。

滚筒式采煤机是以螺旋滚筒作为工作机构，以滚削原理实现落煤的采煤机械。当滚筒以一定的转速转动、采煤机以一定的牵引速度运行时，滚筒旋转并切入煤壁，螺旋滚筒上的截齿从煤壁上截割下煤体，破落下的煤在螺旋叶片的作用下被推入工作面的刮板输送机中。

（一）滚筒式采煤机的种类

滚筒式采煤机按照截割机构（滚筒）的数量不同，可分为单滚筒采煤机和双滚筒采煤机；按牵引方式不同，可分为有链牵引采煤机、无链牵引采煤机（液压牵引、电牵引）。目前，使用较多的是变频调速电牵引采煤机。

（二）滚筒式采煤机的组成

滚筒式采煤机主要由截割部、牵引部、电气控制箱和辅助装置4个部分组成。双滚筒电牵引采煤机组成如图9-1所示。

1．截割部

截割部是采煤机的工作机构，负责完成落煤、装煤、喷雾等工作。截割部主要由截割电机、摇臂减速箱、滚筒等组成，机构内设

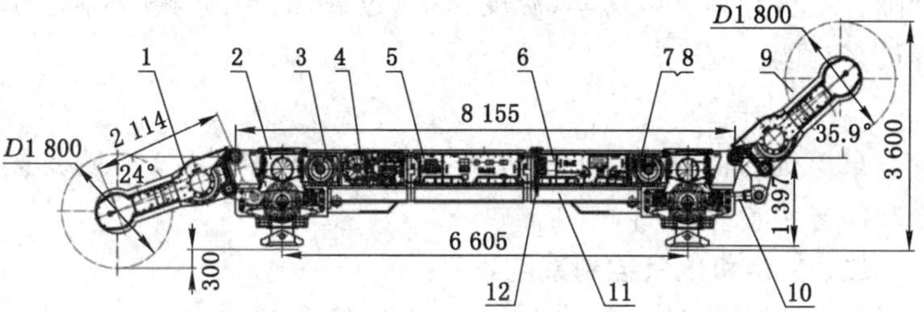


1—摇臂；2—外牵引；3—牵引传动箱；4—泵站；5—控制箱辅助部件；
6—高压箱；7—电器系统及附件；8—遥控装置；9—截割滚筒；
10—调高油缸；11—主机架；12—辅助部件。

图 9-1　双滚筒电牵引采煤机组成

有冷却系统、内喷雾等装置。

摇臂分左摇臂和右摇臂，分别布置在采煤机的左、右两端，与牵引部铰接。摇臂通过连接架回转臂上的销轴与安装在牵引部上的调高油缸缸座铰接，通过油缸的伸缩，实现截割滚筒的升降。

滚筒由螺旋叶片、端盘、齿座、喷嘴、筒毂及截齿组成。端盘置于滚筒靠煤壁侧，螺旋叶片和端盘焊装齿座，截齿安装在齿座上。叶片和齿座上设有内喷雾水道及喷嘴，压力水从喷嘴以雾状喷出，直接喷向齿尖，以达到冷却截齿、减少煤尘和稀释瓦斯的目的。

2. 牵引部

牵引部主要由牵引电机、机械传动系统、喷雾冷却阀组、泵站系统等组成。牵引机构由左、右牵引部和左、右行走箱组成。牵引电机的转动和扭矩经牵引传动系统，传递给行走箱，通过行走轮与刮板输送机销排的啮合，带动采煤机沿着工作面相应方向移动，同时为液压调高系统、喷雾冷却系统以及其他零部件提供安装位置。

3. 电气部分

采煤机电气控制部分是采煤机的一个主要组成部分，由电动机、电气控制箱、电缆等组成，主要实现采煤机的启动、牵引、滚筒升降、停止，并具有恒功率、温度保护、过载、断相、短路、故障监测等诸多功能。

4. 辅助装置

采煤机的辅助装置主要包括机身连接、调高装置、拖缆装置、冷却喷雾装置等。

**二、采煤机电气控制系统**

滚筒式采煤机电气控制系统种类比较多，下面以 MGTY300/730-1.1D 采煤机为例进行讲解。

MGTY300/730-1.1D 采煤机供电电压为 1 140 V，单电缆供电，多电机横向布置，抽屉式结构，交流变频调速，一拖二牵引方式，可实现功率平衡。

该采煤机电气控制系统主要配置有截割电机、油泵电机、牵引电机、控制箱、高压箱、端头控制站、遥控发射机、瓦斯报警断电仪、防爆分线盒、防爆照明灯、开机语音报警装置。

高压箱位于主机架中央，主要功能是完成采煤机的电源引入和电源分配。高压箱分为两个箱体，即一个接线腔和一个隔爆腔，隔爆腔和接线腔之间用高压接线柱和过线组连接，高压接线柱连接主回路，过线组连接控制信号回路。高压箱前面的大喇叭口用于 1 140 V 电源的引入，后面的大喇叭口作为各个电机和控制箱内变频器供电电缆的通道，小喇叭口用来接收和发送控制信号的电缆通道。

控制箱位于主机架中央，主要功能是完成采煤机的控制和监测。控制箱分为两个箱体，即一个接线腔和一个隔爆腔，隔爆腔和接线腔之间用接线柱和过线组连接，接线柱连接主回路，过线组连接控制信号回路。控制箱后有 3 个大喇叭口，一个用于 400 V 电源的引入，其余 2 个作为牵引电机供电电缆的通道；小喇叭口用来接收和发送控制信号电缆通道。

在控制箱内装有 2 台变频器，每一台变频器驱动一台牵引电机,2 台变频器之间通过光缆进行数据传输,以确保 2 台牵引电机实现功率平衡。

MGTY300/730-1.1D 采煤机电气系统的基本配置如表 9-1 所示。

**表 9-1　MGTY300/730-1.1D 采煤机电气系统的基本配置**

| 名称 | 数量 | 型号 | 规格 |
| --- | --- | --- | --- |
| 截割电机 | 2 | YBC-300 | 1 140 V,300 kW,185 A |
| 油泵电机 | 1 | YBRB-20 | 1 140 V,20 kW,13.3 A |
| 牵引电机 | 2 | YBQYS-55 | 380 V,55 kW,105 A |
| 控制箱 | 1 | 特制专用 | 400 V,360 A |
| 高压箱 | 1 | 特制专用 | 1 140 V,450 A |
| 端头控制站 | 2 | FYJ(A) | 12 V、24 V 本质安全型电源供电 |
| 遥控发射机 | 6 | FYF(A) | 2 节 5 号电池供电 |
| 瓦斯报警断电仪 | 1 | GJ4 | 12 V 本质安全型电源供电 |
| 防爆分线盒 | 1 | LJB-1-20 | 一进八出 |
| 防爆照明灯 | 2 | DGY60\127B(B) | AC127 V 电源供电 |
| 开机语音报警装置 | 1 | KXB-Ⅲ | AC127 V/DC12 V,10 W<br>本质安全型电源供电 |

## 三、采煤机安全运行要求

(1) 采煤机的操作人员必须经过良好的培训,并且具备相应的资格。

(2) 严格按采煤机使用说明书启动、运行和停止采煤机。开机前必须确保采煤机附近没有人员及障碍。只有所有的操作手把、控制按钮、“紧急停止”装置、冷却设备、降尘设备都齐全并能够正常工作后,才能开机操作采煤机。正常停机,一般不允许用隔离开关,只有在特殊情况下或者停止按钮不起作用时才能使用。

(3) 在更换截齿和在滚筒上进行其他工作时，截割电机和截割滚筒之间的离合器必须断开。

(4) 必须遵守操作说明中标注的例行检查和维护的周期。

(5)《煤矿安全规程》关于使用滚筒式采煤机采煤时应遵守的规定。

《煤矿安全规程》第一百一十七条规定，使用滚筒式采煤机采煤时，必须遵守下列规定。

① 采煤机上装有能停止工作面刮板输送机运行的闭锁装置。启动采煤机前，必须先巡视采煤机四周，发出预警信号，确认人员无危险后，方可接通电源。采煤机因故暂停时，必须打开隔离开关和离合器。采煤机停止工作或者检修时，必须切断采煤机前级供电开关电源并断开其隔离开关，断开采煤机隔离开关，打开截割部离合器。

② 工作面遇有坚硬夹矸或者黄铁矿结核时，应当采取松动爆破处理措施，严禁用采煤机强行截割。

③ 工作面倾角在15°以上时，必须有可靠的防滑装置。

④ 使用有链牵引采煤机时，在开机和改变牵引方向前，必须发出信号。只有在收到返向信号后，才能开机或者改变牵引方向，防止牵引链跳动或者断链伤人。必须经常检查牵引链及其两端的固定连接件，发现问题，及时处理。采煤机运行时，所有人员必须避开牵引链。

⑤ 更换截齿和滚筒时，采煤机上下 3 m 范围内，必须护帮护顶，禁止操作液压支架。必须切断采煤机前级供电开关电源并断开其隔离开关，断开采煤机隔离开关，打开截割部离合器，并对工作面输送机施行闭锁。

⑥ 采煤机用刮板输送机作轨道时，必须经常检查刮板输送机的溜槽、挡煤板导向管的连接情况，防止采煤机牵引链因过载而断链；采煤机为无链牵引时，齿(销、链)轨的安设必须紧固、完好，并

经常检查。

《煤矿安全规程》第一百一十九条规定，使用掘进机、掘锚一体机、连续采煤机掘进时，必须遵守下列规定。

① 开机前，在确认铲板前方和截割臂附近无人时，方可启动。采用遥控操作时，司机必须位于安全位置。开机、退机、调机前，必须发出报警信号。

② 作业时，应当使用内、外喷雾装置，内喷雾装置的工作压力不得小于 2 MPa，外喷雾装置的工作压力不得小于 4 MPa。在内、外喷雾装置工作稳定性得不到保证的情况下，应当使用与掘进机、掘锚一体机或者连续采煤机联动联控的除降尘装置。

③ 截割部运行时，严禁人员在截割臂下停留和穿越，机身与煤(岩)壁之间严禁站人。

④ 在设备非操作侧，必须装有紧急停转按钮(连续采煤机除外)。

⑤ 必须装有前照明灯和尾灯。

⑥ 司机离开操作台时，必须切断电源。

⑦ 停止工作和交班时，必须将切割头落地，并切断电源。

《煤矿安全规程》第一百一十四条规定，采用综合机械化采煤时，采煤机采煤时必须及时移架。移架滞后采煤机的距离，应当根据顶板的具体情况在作业规程中明确规定；超过规定距离或者发生冒顶、片帮时，必须停止采煤。

## 第二节　掘进机的安全运行

### 一、掘进机的分类及组成

掘进机是一种能够同时完成破落煤岩、装载与转载、运输、喷雾除尘和调动行走的联合机组。按所掘断面的形状不同，掘进机可分为全断面掘进机、部分断面掘进机；按掘进机所能截割煤岩的坚硬系数不同，掘进机可分为煤巷掘进机、半煤岩巷掘进机、岩巷掘进机。悬臂式掘进机按截割头布置方式不同，可分为横轴式掘进机和纵轴式掘进机。下面以 EBZ260 型掘进机为例进行讲解。

EBZ260 型掘进机由截割机构、装运机构、行走机构、液压系统、电控系统、喷雾降尘系统等组成，如图 9-2 所示。其中，电控系统由 KJZ-400/1140(660)E-4 矿用隔爆兼本质安全型开关箱、CXH4-4/12E 掘进机用本质安全型操作箱、矿用隔爆型电铃、矿用隔爆型急停按钮、隔爆照明灯、截割电机、油泵电机、二运电机、甲烷传感器组成，与液压系统配合操作可实现整机的各种生产作业。

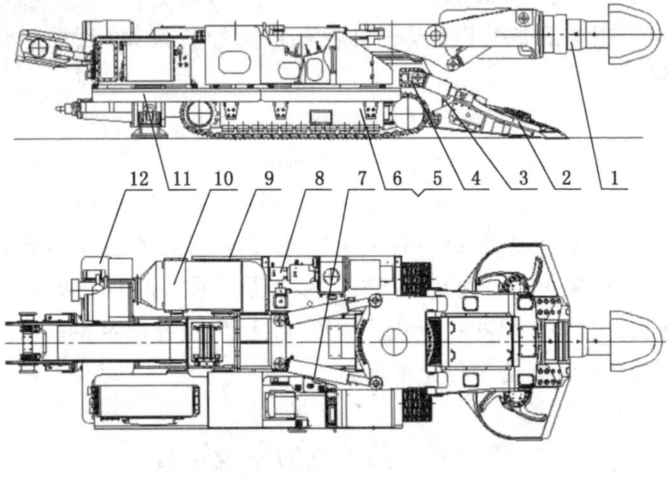


1—切割部；2—装载部；3—刮板输送机；4—机架和回转台；5—左行走部；6—右行走部；7—电气系统；8—液压系统；9—水系统；10—除尘系统；11—护板总成；12—标牌总成。

图 9-2　EBZ260 型掘进机组成

## 二、《煤矿安全规程》关于使用掘进机、掘锚一体机、连续采煤机掘进时的规定

(1)《煤矿安全规程》第一百一十九条规定,使用掘进机、掘锚一体机、连续采煤机掘进时,必须遵守下列规定。

① 开机前,在确认铲板前方和截割臂附近无人时,方可启动。采用遥控操作时,司机必须位于安全位置。开机、退机、调机前,必须发出报警信号。

② 作业时,应当使用内、外喷雾装置,内喷雾装置的工作压力不得小于 2 MPa,外喷雾装置的工作压力不得小于 4 MPa。在内、外喷雾装置工作稳定性得不到保证的情况下,应当使用与掘进机、掘锚一体机或者连续采煤机联动联控的除降尘装置。

③ 截割部运行时,严禁人员在截割臂下停留和穿越,机身与煤(岩)壁之间严禁站人。

④ 在设备非操作侧,必须装有紧急停转按钮(连续采煤机除外)。

⑤ 必须装有前照明灯和尾灯。

⑥ 司机离开操作台时,必须切断电源。

⑦ 停止工作和交班时,必须将切割头落地,并切断电源。

(2)《煤矿安全规程》第五百零一条规定,掘进机、掘锚一体机、连续采煤机必须设置甲烷断电仪或者便携式甲烷检测报警仪。

(3)《煤矿安全规程》第六百五十条规定,井工煤矿掘进机作业时,应当采用内、外喷雾及通风除尘等综合措施。掘进机无水或者喷雾装置不能正常使用时,必须停机。

## 三、掘进机电气故障、原因及处理方法

掘进机电气故障、原因及处理方法见表 9-2。

**表 9-2　掘进机电气故障现象、原因及处理方法**

| 故障现象 | 原因 | 处理方法 |
| --- | --- | --- |
| 送电后液晶屏不亮,视窗指示灯不亮 | (1) 供电电源没电;<br>(2) 变压器熔芯熔断;<br>(3) 断路器 QF4 跳闸;<br>(4) 变压器 KB 损坏 | (1) 检查电源;<br>(2) 检查 FUI、FU2 熔芯;<br>(3) 检查 QF4 及其他供电回路是否短路;<br>(4) 检查变压器 |
| 液晶屏显示"正在通信……" | (1) 通信电缆断线;<br>(2) 屏蔽线与外壳接触不良 | (1) 检查通信电缆;<br>(2) 检查屏蔽线 |
| 液晶屏显示正常,但按键无响应(正常鸣响) | 操作箱损坏 | (1) 更换操作箱;<br>(2) 遥控应急操作 |
| 照明灯不亮 | (1) 断路器 QF3 跳闸;<br>(2) 24 V 电源漏电;<br>(3) 灯泡损坏 | (1) 检查 QF3 及其供电回路是否短路;<br>(2) 检查 24 V 回路是否漏电;<br>(3) 更换灯泡 |
| 液晶屏显示总急停 | 总急停没解锁或损坏 | 解锁复位或更换总急停 |
| 液晶屏显示门未关紧 | 门闭锁没闭合或损坏 | 检查行程开关 XK1、XK2 |
| 显示电压异常 | 电压超过额定电压的 115%或低于额定电压的 85% | 检查供电电压 |
| 开机警铃不响,不能开机 | (1) 断路器 QF2 跳闸;<br>(2) 220 V 电源漏电;<br>(3) 参数修改开关处于修改状态;<br>(4) 警铃损坏 | (1) 检查 QF2 及其供电回路是否短路;<br>(2) 检查 220 V、120 V 回路是否漏电;<br>(3) 将开关拨到运行位置;<br>(4) 更换警铃 |

**表 9-2(续)**

| 故障现象 | 原因 | 处理方法 |
| --- | --- | --- |
| 开机显示 24 V 或 220 V 电源漏电 | (1) 回路绝缘不好；<br>(2) 霍尔传感器 ELK1、ELK2 损坏 | (1) 检查低压回路绝缘状态；<br>(2) 更换霍尔传感器 ELK1、ELK2 |
| 开机显示油泵或截割电机漏电 | (1) 电机回路绝缘不好；<br>(2) 主控制器中电源板损坏 | (1) 检查电机绝缘状态；<br>(2) 更换主控器中的电源板 |
| 油泵电机不转或启动过程中电机异常 | (1) 按油泵按键无响应(无鸣响)；<br>(2) 未在电机启动画面中按油泵按键；<br>(3) 主控器端子上插排 D21 无 220 V 电源输出或真空接触器 KM1 故障(显示启动失败)；<br>(4) 断路器 QF4 跳闸；<br>(5) 过载、缺相、短路保护动作；<br>(6) 油泵电机超温 | (1) 更换操作箱；<br>(2) 进入启动画面按油泵按键；<br>(3) 检查主控器、真空接触器；<br>(4) 检查 220 V 电源；<br>(5) 检查负载及电机绕组、电流互感器；<br>(6) 查看电机温度、检测元件 |
| 截割电机不转或启动过程中电机异常 | (1) 截割急停没解锁或损坏；<br>(2) 按截割低速或高速按键无响应(无鸣响)；<br>(3) 未在电机启动画面中按截割低速或高速按键；<br>(4) 主控器上插排端子 D22、D24 无 220 V 电源输出或真空接触器 KM2、KM3 故障(显示启动失败)；<br>(5) 过载、缺相、短路保护动作；<br>(6) 截割电机过温 | (1) 解锁、复位、更换；<br>(2) 更换操作箱、遥控操作；<br>(3) 进入启动画面按截割低速或高速按键；<br>(4) 检查主控器和真空接触器 KM2、KM3；<br>(5) 检查负载和电机绕组、电流互感器；<br>(6) 检查电机温度、检测元件 |

表 9-2(续)

| 故障现象 | 原因 | 处理方法 |
| --- | --- | --- |
| 二运电机不转或启动过程中电机异常 | (1) 按二运按键无响应(无鸣响);<br>(2) 未在电机启动画面中按二运按键;<br>(3) 主控器端子上插排 D23 无 220 V 电源输出或真空接触器 KMO 故障(显示启动失败);<br>(4) 过载、缺相、短路保护动作 | (1) 更换操作箱;<br>(2) 进入启动画面按二运按键;<br>(3) 检查主控器和真空接触器 KM4 和检查 220 V 电源;<br>(4) 检查负载及电机绕组、电流互感器 |
| 应急处理 | | (1) 将主控器上的修改开关拨到屏蔽位置,所有故障屏蔽,同时液晶屏上闪烁提示"所有故障屏蔽"信息;<br>(2) 在"开机画面"状态下按住"功能"键不放,10 s 后进入高级参数设置画面,选择"报警屏蔽"选项对部分故障分别屏蔽(拨动开关到修改位置) |

## 第三节　乳化液泵站及液压支架的检修与维护

乳化液泵站是乳化液泵、乳化液箱和其他附属设备的总称。乳化液泵站是综合机械化采煤工作面的重要设备,它供给压力液使各种千斤顶动作,让液压支架实现支撑顶板、推溜移架、调架护壁、侧护防倒、防滑等动作。另外,在有些综采工作面中,可弯曲刮板输送机的紧链液压马达、桥式转载机的固定与推移千斤顶,以及工作面上、下出口处超前支护用单体液压支柱等,也以乳化液泵站为动力源。

## 一、乳化液泵站的检修与维护

(一) 日检

(1) 检查各部连接螺栓、销钉是否松动。

(2) 检查管路、阀门、柱塞腔、油箱的密封情况，是否有渗漏现象。

(3) 检查乳化液箱内的乳化液量、乳化液的配比以及乳化液是否变质。

(4) 检查曲轴箱内的润滑油，观察油位是否在规定的范围内。

(5) 检查泵的运转声音是否正常、卸载阀的动作情况是否正常。

(6) 检查、清洗过滤器，擦拭机器。

(二) 周检

(1) 包括日检的全部内容。

(2) 更换乳化液箱内的乳化液。

(3) 检查吸、排液阀的工作性能，检查复位弹簧是否断裂。

(4) 检查泵各运动件和连接件是否松动、变形、损坏等。

(5) 检查各部位密封圈是否有损坏现象、柱塞表面是否完好。

(6) 检查蓄能器的充氮压力是否符合要求。

(7) 检查电气系统、防爆面、开关接触器等是否完好。

(三) 升井检修

泵站经半年运行后，由于磨损及锈蚀等原因，会失去原有的精度和性能，因而应进井检查和维修，更换必要的易损件，调整各部运动部件的间隙，以恢复其原来的性能。升井检修中应注意下列事项。

(1) 零件要进行清洗。

(2) 各部零件发现锈点时，应清洗干净，并进行防锈处理。

(3) 应更换损坏的过滤网。

(4) 各种密封圈如发现切断、损坏、老化,应更换新件。

(5) 各阀面如发现损坏,应修复或更换新件。

(6) 升井检修后进行装配,并按出厂检验要求进行试验。

(四) 泵站维修质量标准

(1) 齿轮箱,乳化液箱不得有裂纹、开焊和严重损伤。

(2) 乳化液泵滚动轴承要符合有关规定,其径向游隙不得超过 0.10 mm;曲轴曲拐与轴瓦最大配合间隙应不大于 0.2 mm;椭圆度不得超过 0.02 mm;连杆衬套与滑块销最大配合间隙应不大于 0.17 mm;滑块与滑块孔最大配合间隙应不大于 0.3 mm,柱塞与导向铜套的最大配合间隙应不大于 0.2 mm,进排液阀的阀芯与阀座的径向间隙应不大于 0.2 mm。

(3) 齿轮箱内的齿轮、齿面不得出现大面积的点蚀,不得有塑性变形。

(4) 齿轮的啮合特性应符合有关规定。

(5) 泵箱内必须严格清洗,不得有油污、铁屑等。

(6) 液位保护,温度、高低压保护,润滑油压力保护装置等,必须达到规定值,其误差不得超过原调整值的 10%。

(7) 蓄能器充气压力应达到原机规定要求。

(8) 在额定压力和流量下测定的高压过滤器两端的压力差,不得大于 0.98 MPa。

(9) 泵站检修后,先经 30 min 空载运行,再经 4 h 额定载荷加载运行后,曲轴箱温度不得超过规定值,同时齿轮箱温度不得超过相关规定。

(10) 附有自动配液装置的泵站,检修后应恢复性能、满足配液要求。

### （五）乳化液泵站常见故障、原因及处理方法

乳化液泵站常见故障、原因及处理方法见表 9-3。

**表 9-3　乳化液泵站常见故障、原因及处理方法**

| 故障现象 | 原因 | 处理方法 |
| --- | --- | --- |
| 泵起动后无流量或流量不足，压力脉动大，管路抖动厉害 | (1) 泵内空气未放尽，包括吸液管路系统有吸气部位；<br>(2) 柱塞密封损坏严重；<br>(3) 进排液阀密封不好、泄漏严重或动作不灵活；<br>(4) 进排液阀弹簧断裂；<br>(5) 吸液过滤器堵塞；<br>(6) 吸液软管过细、过长；<br>(7) 乳化液箱液位过低；<br>(8) 蓄能器无压力或压力过高；<br>(9) 卸载阀动作频繁 | (1) 放气；<br>(2) 检查，更换；<br>(3) 更换，修复；<br>(4) 更换；<br>(5) 清洗；<br>(6) 调整；<br>(7) 加乳化液；<br>(8) 充气或放气；<br>(9) 检查原因并排除 |
| 有流量无压力或压力不足 | (1) 卸载阀或卸压阀密封不良；<br>(2) 先导阀密封不良；<br>(3) 卸载阀调压弹簧断裂或疲劳；<br>(4) 主阀密封不良；<br>(5) 压力表开关未打开或阀座变形、堵塞；<br>(6) 排液管道开裂 | (1) 修复或更换；<br>(2) 修复或更换；<br>(3) 更换；<br>(4) 修复或更换；<br>(5) 打开、更换；<br>(6) 更换 |
| 柱塞密封处漏液严重 | (1) 密封圈损坏；<br>(2) 柱塞室中心不准，柱塞表面有严重划伤、撞毛 | (1) 更换；<br>(2) 注意正确装配工艺 |

表 9-3(续)

| 故障现象 | 原因 | 处理方法 |
| --- | --- | --- |
| 运转噪音大,撞击声严重 | (1) 曲轴轴拐与轴瓦磨损严重、间隙过大;<br>(2) 连杆螺钉松动;<br>(3) 泵内有杂物;<br>(4) 齿轮加工精度低或齿面损坏;<br>(5) 柱塞端部与承压块间隙加大;<br>(6) 泵体上轴承精度差;<br>(7) 联轴器安装不对中;<br>(8) 连杆衬套与滑块磨损严重;<br>(9) 吸液不足 | (1) 更换或调整间隙;<br>(2) 拧紧;<br>(3) 清洗;<br>(4) 修复或更换;<br>(5) 更换;<br>(6) 更换;<br>(7) 调整;<br>(8) 更换;<br>(9) 检查吸液系统 |
| 润滑油温度升高,发热异常 | (1) 润滑油不足或过多,太脏或油质选取不符合要求,黏度低;<br>(2) 轴拐与轴瓦粘毛,轴瓦受压面不良,配合间隙太小;<br>(3) 连杆大头侧面与曲轴限板蹩卡;<br>(4) 两半联轴器间隔距离过小;<br>(5) 超负荷运行时间过长 | (1) 按油质要求控制油量;<br>(2) 更换轴拐、轴瓦,调整间隙;<br>(3) 检查原因并排除;<br>(4) 调整间隔;<br>(5) 调整负荷 |
| 泵压突然升高 | (1) 泵用安全阀失灵;<br>(2) 卸载阀、先导阀或主阀不动作;<br>(3) 系统出现故障 | (1) 修复安全阀;<br>(2) 检查、修复;<br>(3) 检查原因并排除 |
| 滑块处漏油严重 | 缸壁拉毛活塞环失效 | 更换泵体、更换活塞环 |
| 支架停止供液时卸载阀动作频繁 | (1) 支架输液管道渗漏;<br>(2) 卸载阀内单向阀密封损坏;<br>(3) 卸载阀内顶杆 O 形密封圈损坏;<br>(4) 蓄能器压力过高 | (1) 更换管道;<br>(2) 修理或更换;<br>(3) 更换密封圈;<br>(4) 放气 |

## 二、液压支架的检修与维护

### （一）液压支架的种类和组成

液压支架作为当前综合机械化采煤工作面的重要设备，能完成支撑、控制工作面顶板和推移输送机等一系列工作。液压支架主要由承载结构件、动力油缸、控制操纵元件、辅助装置和工作液体五大部分组成。承载结构件包括顶梁、掩护梁和底座等；动力油缸包括支撑在顶梁（或掩护梁）支柱及除支柱以外的各种千斤顶；控制操纵元件包括控制阀（即液控单向阀和安全阀）、操纵阀等各种阀件和管件；辅助装置包括推移装置、复位装置、挡矸装置、护帮装置、防倒防滑装置、照明和其他附属装置等；工作液体主要是乳化液。

按照液压支架与围岩相互作用的关系不同，液压支架分为支撑式、掩护式和支撑掩护式3种基本架型。

### （二）需要经常检查、维护的项目

（1）检查各运动部分是否灵活，有无卡阻、停滞现象。

（2）检查液压系统各部件有无漏液、窜液现象。

（3）检查所有液压软管有无卡扭、压埋、堵塞和损伤。

（4）检查支架的连接销轴是否在正确位置，销轴的定位零件是否完好无缺，连接螺栓是否松动。

（5）检查各受力部件是否有严重的塑性变形和损坏，焊缝有无开裂。

（6）检查推移千斤顶与支架、运输机的连接部件是否完好，有无裂缝和损坏。

（7）注意支柱和千斤顶的动作是否平稳，速度是否正常，在动作时有无异常的声响和自动下降现象。

### （三）液压支架常见故障、原因及处理方法

液压支架常见故障、原因及处理方法见表9-4。

**表 9-4　液压支架常见故障、原因及处理方法**

| 部位 | 故障现象 | 原因 | 处理方法 |
| --- | --- | --- | --- |
| 管路系统 | 管路无液压、操作无动作 | (1) 后截止阀未打开；<br>(2) 软管被堵死、液路不通，或者软管被砸挤破裂而漏液；<br>(3) 软管接头脱落或扣压不紧，接头密封件损坏，漏液；<br>(4) 进液侧过滤器被堵死，液路不通；<br>(5) 操纵阀内密封环损坏，高低压腔窜通 | (1) 打开后截止阀；<br>(2) 排除堵塞物，更换损坏部分；<br>(3) 检修、更换；<br>(4) 清洗、更换；<br>(5) 检修、更换 |
| 立柱 | 供液后不升不降或伸出太慢 | (1) 供液软管或回液管打折，堵死；<br>(2) 管路中压力过低或泵的流量较小；<br>(3) 缸体变形，上下腔窜液；<br>(4) 活塞密封圈损坏、卡死；<br>(5) 活塞杆弯曲变形、卡死；<br>(6) 操作阀漏液；<br>(7) 液控单向阀顶杆密封损坏泄漏 | (1) 排除障碍，畅通液路；<br>(2) 检修乳化泵；<br>(3) 检修缸体；<br>(4) 更换密封圈；<br>(5) 更换活塞杆；<br>(6) 检修操纵阀；<br>(7) 检修、更换 |

表 9-4(续)

| 部位 | 故障现象 | 原因 | 处理方法 |
| --- | --- | --- | --- |
| 立柱 | 供液时活塞杆伸出,供液后自动收缩 | (1) 操纵阀关闭太早、初撑力不够,低压渗漏;<br>(2) 活塞密封件损坏,高低压窜通失去密封性能;<br>(3) 缸体焊缝漏液或有划伤;<br>(4) 液控单向阀密封不严,阀座上有脏物卡住,或者密封件损坏;<br>(5) 安全阀未调整好或密封件损坏;<br>(6) 高压软管或高压软管接头密封件损坏漏液 | (1) 按操作规程操作;<br>(2) 更换密封件;<br>(3) 检修焊缝或缸体;<br>(4) 用操纵阀动作清洗,无效时检修、更换;<br>(5) 重新调整或检修、更换;<br>(6) 检修管道 |
| | 不能卸载或卸载后不收缩及收缩困难 | (1) 活塞杆或缸体弯曲变形,卡死或划伤;<br>(2) 柱内密封圈反转损坏,或者相对滑动表面间被咬死;<br>(3) 液控单向阀顶杆折断、弯曲变形或顶杆粗缩,使阀门打不开;<br>(4) 液控单向阀、顶杆密封损坏、泄漏;<br>(5) 高压液路上工作压力低或阻力大,使单向阀打不开;<br>(6) 回液路截止阀未打开或回液路堵塞;<br>(7) 回液管截止阀密封损坏;<br>(8) 支柱内导向套损坏 | 检修、更换 |

**表 9-4(续)**

| 部位 | 故障现象 | 原因 | 处理方法 |
|---|---|---|---|
| 推移千斤顶 | 供液后无动作或动作缓慢 | (1) 活塞杆密封件损坏,高低压窜液;<br>(2) 活塞杆弯曲变形或焊接处断裂;<br>(3) 控制阀、交替逆止阀或液控单向阀密封不严,有脏物卡住或密封件损坏;<br>(4) 进液管路压力低、阻力大或回液管路堵塞;<br>(5) 采煤机割出台阶或支架,运输机靠煤壁侧有矸石、大炭卡住;<br>(6) 千斤顶与支架连接销或连接块折断 | (1) 当难以确定故障原因是阀还是缸体的情况时,将有疑问的千斤顶上的软管拆下,与邻架正常阀组对调操作,进行判断;<br>(2) 确定故障后,检修、更换 |
| | 导向套漏液 | 密封圈损坏 | 检修、更换 |
| | 邻架移架时,本架不供液的千斤顶动作 | 推溜回路的液控单向阀(单向销)密封不严 | 更换密封零件或密封圈 |
| 操纵阀 | 手把处于停止位置时,阀内能听到声响或油缸有缓慢动作 | (1) 阀座与零件密封不严;<br>(2) 密封圈或密封弹簧损坏;<br>(3) 阀内有脏物卡住 | (1) 更换;<br>(2) 更换;<br>(3) 先清洗,若无效时更换 |
| | 手把打到任一动作位置时阀内声音较大,但油缸动作缓慢或无动作 | 操纵阀高低压腔窜液 | 更换密封零件或密封圈 |

表 9-4(续)

| 部位 | 故障现象 | 原因 | 处理方法 |
| --- | --- | --- | --- |
| 安全阀 | 不到额定压力即开启 | (1) 未按额定压力调定或弹簧疲劳；<br>(2) 阀垫损坏或有脏物卡住、密封不严 | (1) 重新调定更换弹簧；<br>(2) 检修、更换 |
| | 降到关闭压力时不能及时关闭，支柱继续降缩 | (1) 内部有蹩卡现象或密封面被粘住；<br>(2) 弹簧损坏 | 检修、更换 |
| 液控单向阀 | 阀门打不开，使支柱不能收缩 | 阀内顶杆折断、弯曲变形或顶杆粗缩 | 检修、更换 |
| | 渗液引起支柱自动降落 | 弹簧疲劳或顶杆歪斜导致阀座损坏 | 检修、更换 |

## 第四节　刮板输送机的安全运行

### 一、刮板输送机的种类

刮板输送机是一种挠性的牵引机构连续输送机械。它的种类有很多，按移动方式不同，可分为拆卸式和自移式(可弯曲)；按溜槽的布置方式不同，可分为重叠式、并列式和斜置式；按牵引链条数不同，可分为中单链、边双链、中双链和三链刮板输送机；按溜槽的结构方式不同，可分为敞底式和封底式；按传动方式不同，可分为电力传动和液压传动刮板输送机；按牵引链的结构不同，可分为板式套筒链、可拆模锻链和焊接圆环链刮板输送机等。

### 二、刮板输送机的安全运行要求

(1) 启动前必须对输送机进行全面检查，除检查工作环境外，应重点检查设备的状态和输送机上有无工作人员作业或其他障碍物。启动前先发信号,然后点动试车,确认无问题后再正式开车。

(2) 输送机停机前,应先空转几个循环,尽可能将输送机上的存煤运出,以利于检修和再起动。

(3) 输送机推移应逐架缓缓进行,兼顾前、后、左、右,严禁冲击和隔架推移。

(4) 拉架时应使邻架完全顶牢,被拉架卸载后,再缓缓拉进。

(5) 禁止在机头传动部、机尾附近进行爆破作业,否则必须采取保护措施。

(6) 禁止在输送机上运送其他物料,特别是杆状物料,以免造成事故。

(7) 不允许有超槽宽的煤块进入输送机。

(8) 煤流应尽量均匀,避免超载运行。

(9) 严格执行停机处理故障和检查制度,停机后在开关处要挂上"有人作业,禁止开机"警示牌,并与采煤机闭锁。严禁在运行中清扫刮板输送机。

(10) 必须有专人维护、有维修保养制度,保证设备性能完好。操作人员必须经过培训后持证上岗,非司机不得开动刮板输送机。

(11) 严禁从刮板输送机两端头向中间推移溜槽;推移时要掌握好推移步距,防止发生脱节故障;进行推移工作时,煤壁与输送机之间不得站人,支撑设备附近尽量不要安排工作人员,要把机道浮煤清理干净后再推移。

(12)《煤矿安全规程》第一百二十一条规定,使用刮板输送机运输时,必须遵守下列规定:① 采煤工作面刮板输送机必须安设能发出停止、启动信号和通讯的装置,发出信号点的间距不得超过15 m。② 刮板输送机使用的液力偶合器,必须按所传递的功率大小,注入规定量的难燃液,并经常检查有无漏失。易熔合金塞必须符合标准,并设专人检查、清除塞内污物;严禁使用不符合标准的物品代替。③ 刮板输送机严禁乘人。④ 用刮板输送机运送物料时，必须有防止顶人和顶倒支架的安全措施。⑤ 移动刮板输送机时，必须有防止冒顶、顶伤人员和损坏设备的安全措施。

## 三、刮板输送机常见故障、原因及处理方法

刮板输送机常见故障、原因及处理方法见表 9-5。

**表 9-5　刮板输送机常见故障、原因及处理方法**

| 故障现象 | 原因 | 处理方法 |
|---|---|---|
| 电动机不启动或启动后缓缓停转 | (1) 供电电压太低；<br>(2) 负荷太大；<br>(3) 接触有故障 | (1) 提高供电电压；<br>(2) 减轻负荷，将槽箱内的煤卸下一部分；<br>(3) 检查继电器 |
| 电动机发热 | (1) 启动过于频繁；<br>(2) 超负荷运转时间太长；<br>(3) 电动机散热情况不好；<br>(4) 轴承缺油或损坏 | (1) 减少启动次数，待各部位故障消除后再启动；<br>(2) 减轻负荷，缩短超负荷运转时间；<br>(3) 检查电机冷却水是否畅通，调整水压达到要求值，清除电机上的浮煤和杂物；<br>(4) 给轴承加油或更换轴承 |
| 电动机声响不正常 | (1) 单相运转；<br>(2) 接线头不牢 | (1) 查单相原因；<br>(2) 查接线柱 |
| 链轮轴组温度过高 | (1) 润滑油注油不足；<br>(2) 轴承损坏 | (1) 按要求加足润滑油；<br>(2) 更换轴承 |
| 减速器漏油 | (1) 密封圈损坏；<br>(2) 上下箱体合面不严，各端盖压不紧 | (1) 更换损坏的密封圈；<br>(2) 拧紧合箱及端盖螺栓，严禁在合箱面加垫 |

表 9-5(续)

| 故障现象 | 原因 | 处理方法 |
| --- | --- | --- |
| 减速器声音不正常 | (1) 齿轮啮合不好；<br>(2) 齿轮磨损损坏；<br>(3) 轴承磨损严重或损坏；<br>(4) 齿面有黏附物；<br>(5) 箱体内有杂物；<br>(6) 轴承游隙太大 | (1) 调整齿轮啮合情况；<br>(2) 更换新齿轮；<br>(3) 更换轴承；<br>(4) 检查清除；<br>(5) 放油进行清理；<br>(6) 调整轴承游隙 |
| 刮板链跳链或掉链 | (1) 链条卡进金属物；<br>(2) 刮板链过度松弛 | (1) 清除链条内金属物；<br>(2) 重新紧链 |
| 刮板链振动严重 | 刮板链预紧力太大 | 放松链条 |
| 刮板链掉道 | 刮板链过度松弛 | 紧链 |

## 第五节 带式输送机的安全运行

### 一、带式输送机的种类

带式输送机是以胶带兼作牵引机构和承载机构的连续运输机械。它的种类有多种，按牵引方式不同，可分为滚筒驱动和钢丝绳牵引两种类型；按照铺设方式不同，可分为吊挂式和落地式；按照移动方式不同，可分为固定式和可伸缩式。带式输送机由胶带、传动滚筒、机尾换向滚筒、托辊、拉紧装置组成。

### 二、带式输送机的安全运行

（一）采用滚筒驱动带式输送机运输时应当遵守的规定

（1）采用非金属聚合物制造的输送带、托辊和滚筒包胶材料等，其阻燃性能和抗静电性能必须符合有关标准。

（2）必须装设防打滑、跑偏、堆煤、撕裂等保护装置，同时应当装设温度、烟雾监测装置和自动洒水装置。

(3) 应当具备沿线急停闭锁功能。

(4) 主要运输巷道中使用带式输送机,必须装设输送带张紧力下降保护装置。

(5) 倾斜井巷中使用的带式输送机,上运时,必须装设防逆转装置和制动装置;下运时,应当装设软制动装置且必须装设防超速保护装置。

(6) 在大于16°的倾斜井巷中使用带式输送机,应当设置防护网,并采取防止物料下滑、滚落等安全措施。

(7) 液力偶合器严禁使用可燃性传动介质(调速型液力偶合器不受此限)。

(8) 机头、机尾及搭接处,应当有照明。

(9) 机头、机尾、驱动滚筒和改向滚筒处,应当设防护栏及警示牌。行人跨越带式输送机处,应当设过桥。

(10) 输送带设计安全系数,应当按下列规定选取。

① 棉织物芯输送带:8～9。

② 尼龙、聚酯织物芯输送带:10～12。

③ 钢丝绳芯输送带:7～9(当带式输送机采取可控软启动、制动措施时:5～7)。

(二) 使用钢丝绳牵引带式输送机的规定

新建矿井不得使用钢丝绳牵引带式输送机。生产矿井采用钢丝绳牵引带式输送机运输时,必须遵守下列规定。

(1) 装设过速保护、过电流和欠电压保护、钢丝绳和输送带脱槽保护、输送带局部过载保护、钢丝绳张紧车到达终点和张紧重锤落地保护,并定期进行检查和试验。

(2) 在倾斜井巷中,必须在低速驱动轮上装设液控盘式失效安全型制动装置,制动力矩与设计最大静拉力差在闸轮上作用力矩之比为2～3;制动装置应当具备手动和自动双重制动功能。

(3) 采用钢丝绳牵引带式输送机运送人员时,应当遵守下列规定。

① 输送带至巷道顶部的垂距，在上、下人员 20 m 区段内不得小于 1.4 m，行驶区段内不得小于 1 m。下行带乘人时，上、下输送带间的垂距不得小于 1 m。

② 输送带的宽度不得小于 0.8 m，运行速度不得超过 1.8 m/s，绳槽至输送带边的宽度不得小于 60 mm。

③ 人员乘坐间距不得小于 4 m。乘坐人员不得站立或者仰卧，应当面向行进方向。严禁携带笨重物品和超长物品，严禁触摸输送带侧帮。

④ 上、下人员的地点应当设有平台和照明。上行带平台的长度不得小于 5 m，宽度不得小于 0.8 m，并有栏杆。上、下人的区段内不得有支架或者悬挂装置。下人地点应当有标志或者声光信号，距离下人区段末端前方 2 m 处，必须设有能自动停车的安全装置。在机头机尾下人处，必须设有人员越位的防护设施或者保护装置，并装设机械式倾斜挡板。

⑤ 运送人员前，必须卸除输送带上的物料。

⑥ 应当在输送机全长任何地点装有可由乘坐人员或者其他人员操作的紧急停车装置。

## 第六节　液力偶合器的安全要求

### 一、液力偶合器的用途及组成

目前，液力偶合器已广泛应用于煤矿井下的刮板输送机、转载机和带式输送机的传动装置中。它可以代替各种机械传动的联轴节，安装于电动机和减速器之间，用以传递扭矩。液力偶合器主要由泵轮、外壳、透平轮、辅助室、轴承、密封圈、主轴、易熔合金塞、橡胶联轴装置及传动介质等组成。

### 二、液力偶合器的安全使用要求

(1)《煤矿安全规程》第一百二十一条规定，刮板输送机使用的液力偶合器，必须按所传递的功率大小，注入规定量的难燃液，并经常检查有无漏失。

(2) 液力偶合器的注液量应符合规定，一般不超过注液腔的80%～85%，而且同一台设备上的所有液力偶合器的注液量应相同，以免造成电动机负荷分配不均。

(3) 液力偶合器采用水作为传动介质时，应使用干净的软水。

(4) 易熔合金塞和易爆片(塞)必须符合标准，并设专人检查和清除塞内的污物，严禁使用不符合标准的物品代替。

(5) 应经常清除液力偶合器上的煤粉，保持液力偶合器的通风和散热良好。

(6) 运转中发现液力偶合器转矩不足时，应及时检查设备运行阻力是否增大和充液量是否充足。

(7) 制动工况的运转时间，一般不允许超过 1 min。

(8) 不得频繁带负荷正、反向启动，以防止工作液体温度升高而导致橡胶密封圈老化、易熔合金塞熔化喷液。

## 第七节　转载机、破碎机、装载机、凿岩机的安全运行

### 一、转载机的安全运行

转载机是机械化采煤过程中普遍采用的一种中间转载运输设备。桥式转载机安装在采煤工作面运输巷中，将采煤工作面刮板输送机卸载的煤炭转载到工作面平巷的可伸缩带式输送机上。桥式转载机实际上是一种较短的、可以纵向整体移动的重型刮板输送机，长度小，便于随着工作面的推进而整体移动，还可以减少可伸缩带式输送机的拆装次数，并将货载提高到带式输送机的装载高度。此外，桥式转载机还可用于掘进巷道中，与可伸缩带式输送

机配套使用，输送掘进过程中的煤或矸石。

转载机的安全使用要求如下。

(1) 当转载机运行时，除规定的人行道以外，任何人不得横跨转载机，不得翻越转载机，同时也不允许滞留在卸载端、机尾端。

(2) 除了工作面采出的煤和矸石以外，不允许运载其他物料。

(3) 转载机运行时，不可倚靠转载机，也不可坐在或站在转载机上。

(4) 运行过程中不可站在转载机的破碎出口处。

(5) 除非转载机检修，否则机头在拆掉护板的情况下不许开动机器，若要开动，也应在有关人员的严格监视下进行。当转载机检修时，刮板仍可能通过链轮运载煤和矸石，应格外小心，不要站在卸载端和机尾端的链轮对面。

(6) 设备运行时应和运动部件保持一定的安全距离。

(7) 当检修设备或转载机运行时，操作人员应注意安全。

(8) 所有的螺栓和连接件应正确安装，并按规程拧紧。

(9) 工作面转载机进行维护保养工作(如更换刮板、链轮、链条等)时，应在断开电源的情况下进行。

(10) 使用阻链装置紧链时，机械、电气的关联部分必须十分协调。紧链完毕后，切记要松开紧链装置和拆除阻链装置。

(11) 工作面转载机要谨防链条过度张紧。如果链条过度张紧，则在链条上进行任何工作都是危险的。

(12) 拆卸和更换液压件时，应先释放掉压力。

**二、破碎机的安全运行**

破碎机是安装在平巷转载机上用来破碎大块煤或煤矸的设备。它的作用是防止大块煤或煤矸砸坏后面的可伸缩带式输送机。目前，锤式破碎机、颚式破碎机和轮式破碎机在煤矿得到了广泛应用。

破碎机的安全使用要求如下。

(1)《煤矿安全规程》第一百一十四条规定，采用综合机械化采煤时，工作面转载机配有破碎机时，必须有安全防护装置。

(2) 破碎机司机必须经过安全培训，持证上岗，并与可伸缩带式输送机司机、转载机司机和刮板输送机司机密切配合，统一信号联系，按顺序开机、停机。

(3) 破碎机应空载启动，即应先启动破碎机，后启动转载机。停机时顺序相反。

(4) 严禁任何人员靠近运转中的破碎机，以防转动部分伤人及飞溅的煤、矸击伤人员。

(5) 破碎机运转中出现卡堵现象时，必须先停机并闭锁，然后处理。

(6) 破碎机司机应注意刮板输送机和转载机的卸载情况，不准将大块矸石、道木或铁器拉入破碎机。如发现有人被转载机拉倒时，应立即停机。

(7) 破碎机运转中，轴承温度不得超过 120 ℃；当轴承温度超过 80 ℃时，应检查轴承的润滑情况和径向间隙。

(8) 破碎机的各种安全保护设施必须完好，禁止使用喷雾装置损坏或出入口防尘帘损坏的破碎机。

## 三、装载机的安全运行

装载机按行走方式的不同，可分为轨轮式、履带式和轮胎式 3 种类型；按动力来源的不同，可分为电动、风动、液压和内燃机 4 种类型；按工作机构的型式不同，又可分为耙斗式、铲斗机和蟹爪式 3 种类型。其中耙斗式装载机（又称耙斗式装岩机或耙装机）在煤矿应用较多，占 80%左右。

### （一）《煤矿安全规程》对耙装机的要求

《煤矿安全规程》第六十一条规定，使用耙装机时，应当遵守下列规定。

(1) 耙装机作业时必须有照明。

(2) 耙装机绞车的刹车装置必须完好、可靠。

(3) 耙装机必须装有封闭式金属挡绳栏和防耙斗出槽的护栏;在巷道拐弯段装岩(煤)时,必须使用可靠的双向辅助导向轮,清理好机道,并有专人指挥和信号联系。

(4) 固定钢丝绳滑轮的锚桩及其孔深和牢固程度,必须根据岩性条件在作业规程中明确。

(5) 耙装机在装岩(煤)前,必须将机身和尾轮固定牢靠。耙装机运行时,严禁在耙斗运行范围内进行其他工作和行人。在倾斜井巷移动耙装机时,下方不得有人。上山施工倾角大于20°时,在司机前方必须设护身柱或者挡板,并在耙装机前方增设固定装置。倾斜井巷使用耙装机时,必须有防止机身下滑的措施。

(6) 耙装机作业时,其与掘进工作面的最大和最小允许距离必须在作业规程中明确。

(7) 高瓦斯、煤与瓦斯突出和有煤尘爆炸危险矿井的煤巷、半煤岩巷掘进工作面和石门揭煤工作面,严禁使用钢丝绳牵引的耙装机。

(二) 装载机的安全使用要求

(1) 耙斗式装载机司机必须经过严格的安全技术培训,经考试合格,持证上岗,严禁无证人员操作。

(2) 开车前,必须发出开车信号,装载机两侧及绳道内不得有人,司机侧的防护栏杆应完好、可靠。

(3) 装载机的电气设备不得失爆,工作面的甲烷浓度不应超过0.5%。

(4) 耙斗耙取岩石时,若阻力过大,应将耙斗后退1~2 m重新耙取,严禁强行牵引,以免发生断绳或烧毁绞车电动机事故。

(5) 操作耙斗时,两个制动闸必须一个紧闸、另一个松闸,否则会引起耙斗跳起,甚至拉断钢丝绳或损坏零件。另外,操作钢丝绳的速度应保持均匀。

(6) 在无矿车或箕斗时,不得将岩石堆放到溜槽上。

(7) 工作中,应随时注意各部声响及电动机、轴承的温升。

(8) 调车时,应有专人指挥,以防发生倾翻事故。

(9) 装载机的中间槽上必须装设栏杆,以防钢丝绳甩出伤人。

(10) 工作面爆破前,应将耙斗拉到紧靠装载机的前端,以免耙斗被埋住;爆破后,应检查防爆装置、电缆和溜槽的情况,正常后方可作业。

(11) 装载机在倾斜井巷作业时,除4副卡轨器必须保证完好外,还应根据倾角的大小,对装载机采取必要的防滑措施。

**四、凿岩机的安全运行**

凿岩机是掘进巷道过程中广泛使用的钻孔机械。根据工作原理不同,可分为风动凿岩机、电动凿岩机、液压凿岩机和内燃机凿岩机4类。其中,风动凿岩机在煤矿井下掘进岩石巷道中应用最多,如手持式凿岩机(风镐)、气腿式凿岩机、向上式凿岩机、导轨式凿岩机及凿岩台车等。在井下煤巷中钻孔时,大多使用煤电钻。液压凿岩机利用高压油作为动力,具有钻孔速度快、效率高、噪声小、零件寿命长等优点,一般用于岩巷掘进。

凿岩机的安全使用要求如下。

(1) 工作地点的支护必须牢靠,空顶作业的空顶距离必须符合作业规程的规定。

(2) 凿岩机工作前,必须向注油器内注满润滑油,并调整油阀,使耗油量为2.5～3.0 cm/min,严禁凿岩机在无油或缺油状况下运转。

(3) 凿岩机工作前,应吹净供气管内和接头处的污物。

(4) 启动凿岩机时,应小开轻打,在气腿推力逐渐加大的同时开全车凿岩。不得在气腿推力最大时突然开全车运转,也不得长时间开全车空转,以免损坏零件。

(5) 凿岩机工作中,应注意钻进速度和运转声音是否正常。

如钻进速度加快，应把操纵把手扳至强吹位置，以免夹钎；如钻进速度过慢，应立即停机检查。

（6）禁止使用弯曲或中心孔不通的钻杆；钻头不合格时，必须立即更换。

（7）检查岩粉的冲洗和排出情况，供水量适宜时，岩浆应保持稀粥状。严禁无水钻进。

（8）检查气腿工作状况并随时进行调整。

（9）凿岩机工作中，应随时注意钎杆有无突然折断的情况，以防止发生伤人事故。

（10）掌钎工不得戴手套。

（11）退钻时，不得用力猛拉，应以半开车状态缓慢拔出钎杆。

（12）钻孔结束后，应拆掉水管进行轻运转，吹净机器内残存的水滴，以防机器内零件锈蚀。

## 第八节　矿用绞车的安全运行

### 一、矿用绞车的分类

矿用绞车是指用缠绕在卷筒上的钢丝绳牵引载荷移动的机械设备，主要用于矿山井下或地面牵引车辆，撤移采煤工作面的支柱及其他辅助运输工作。按动力不同，矿用绞车可分为电动、风动和液压 3 种；按钢丝绳与卷筒间的传力方式不同，矿用绞车可分有缠绕式和摩擦轮式 2 种；按用途不同，矿用绞车可分为调度绞车、回柱绞车、无极绳绞车和运输绞车 4 种。

（一）调度绞车

调度绞车是指用于调度矿车以及做其他辅助运输工作的单钢丝绳牵引、多层缠绕式的绞车。调度绞车的电气设备为防爆型，适用于有煤尘和瓦斯的场合。调度绞车主要用于煤矿装载站或倾斜巷道牵引矿车，也可用作其他辅助运输。该种绞车工作速度可调，有临时支撑和基础安装两种安装方式，具有体积小、质量轻、操作方便等特点。调度绞车主要由电动机、传动装置、制动器、底座等组成。

（二）回柱绞车

回柱绞车是指用于煤矿井下回柱作业的单钢丝绳牵引、多层缠绕式的绞车。回柱绞车的电气设备为防爆型，适用于有煤尘和瓦斯的场合。该种绞车具有牵引力大，钢丝绳速度低，可用本身动力自行牵引或挪移等特点。回柱绞车主要用于采煤工作面撤移支护设备，也可用于倾斜巷道提升、下放大型设备。

（三）无极绳绞车

无极绳绞车是指用于牵引近水平运输线矿车的单钢丝绳无极式摩擦传动的绞车。它和尾轮、轨道、张力平衡车、配重装置等构成无极式运输系统，用于井下或地面水平的或起伏坡度不大的运输线牵引矿车。

（四）运输绞车

运输绞车是指用于倾斜巷道牵引矿车或小型矿井的井口提升的单钢丝绳牵引、多层缠绕式的绞车。

**二、矿用绞车的安全使用要求**

(1)《煤矿安全规程》第三百八十八条规定，倾斜井巷使用提升机或者绞车提升时，必须遵守下列规定。

① 采取轨道防滑措施。

② 按设计要求设置托绳轮(辊)，并保持转动灵活。

③ 井巷上端的过卷距离，应当根据巷道倾角、设计载荷、最大提升速度和实际制动力等参量计算确定，并有 1.5 倍的备用系数。

④ 串车提升的各车场设有信号硐室及躲避硐；运人斜井各车场设有信号和候车硐室，候车硐室具有足够的空间。

⑤ 提升信号参照本规程第四百零三条和第四百零四条规定。

⑥ 运送物料时，开车前把钩工必须检查牵引车数、各车的连

接和装载情况。牵引车数超过规定，连接不良，或者装载物料超重、超高、超宽或者偏载严重有翻车危险时，严禁发出开车信号。

⑦ 提升时严禁蹬钩、行人。

(2)《煤矿安全规程》第三百九十条规定，无极绳连续牵引车、绳牵引卡轨车、绳牵引单轨吊车，还应当符合下列要求。

① 必须设置越位、超速、张紧力下降等保护。

② 必须设置司机与相关岗位工之间的信号联络装置；设有跟车工时，必须设置跟车工与牵引绞车司机联络用的信号和通信装置。在驱动部、各车场，应当设置行车报警和信号装置。

③ 运送人员时，必须设置卡轨或者护轨装置，采用具有制动功能的专用乘人装置，必须设置跟车工。制动装置必须定期试验。

④ 运行时绳道内严禁有人。

⑤ 车辆脱轨后复轨时，必须先释放牵引钢丝绳的弹性张力。人员严禁在脱轨车辆的前方或者后方工作。

# 第十章　安全监控系统的安全运行

在使用安全监控设备前，必须按产品使用说明书的要求，在井上逐台进行全面的性能检查与调试试验，必须做到防爆性能符合要求、调试合格后方可使用，仪器指标和跟踪误差不超过技术规定，各项功能正常，零配件齐全。

## 一、安全监控系统使用前的检查与调试

### （一）外观检查

（1）防爆性能应符合要求，防爆标志明显；仪器内外螺钉、垫圈齐全、完整；密封圈与所用电缆相配套；隔爆面的粗糙度、间隙符合隔爆设备要求，隔爆面的机械伤痕不超过规定，隔爆外壳无变形或损坏现象；不用的进、出线嘴用 2 mm 厚的钢板封堵。

（2）传感器探头、分站等部件齐全，无损坏；仪器调试操作灵活、可靠。

（3）仪器供电的本质安全型电气设备供电电源与使用地点的电源电压等级一致。配用的熔丝（管）符合要求。

（4）插入式连接的插件接触良好，焊点无虚接、开接、漏接等现象。

### （二）技术指标和功能试验

试验前先检查万用表等检测仪器指示是否有偏差，发现偏差要调试准确，然后对监控设备按实际需要进行接线，检查接线正确后送电试验。送电前，要用电压表检查电源电压是否与仪器使用电压一致，确认无误后方可送电。各仪器通电预热，待稳定后，进行主要指标和功能试验。

1. 本质安全型电源试验

分别检查本质安全型电源短路电流值、最大开路电压值，其短路电流值和开路电压值均应符合本质安全型电源的规定。有双重保护的电路要分别进行检测，双重电路都要符合本质安全型电源的规定。

2. 仪器通气试验

通气试验要使用气体流量计，因各种仪器传感器不同，对通气量要求也不同。在试验中，通入气体的流量一定要控制在仪器说明书规定的数据范围内。

(1) 按仪器说明书规定，在新鲜空气的环境中调整仪器零点电位器，使仪器指(显)示为零；通入标准浓度的甲烷气样，调整仪器指(显)示精度，使仪器指(显)示与标准气样的浓度数值相符。

(2) 井上试验时，应配备不同浓度的多种甲烷标准气样。做线性试验时，一般要选用3种以上浓度的气样，按顺序通入仪器，如出现的差值不超过仪器规定的误差范围，即认为合格。

(3) 报警、断电、停测(间歇)功能试验。由于仪器种类不同，报警、断电点的设置方式也不同。多数仪器采用调节电位器的方法设置，也有的仪器用遥控器设置。无论采用哪种方法，在井上试验时都要先将报警、断电点设置为入井后使用的数值，然后分别试验且误差不应超过出厂时的技术规定。对高、低浓度自动转换功能的传感器，要通入高于其转换浓度的甲烷气样，看其转换是否可靠。

(4) 试验断电功能时，用万用表的电阻挡分别接在断电继电器的常开或常闭触点上，检查通断是否灵敏、可靠。

其他传感器及设备的调校试验均按仪器及设备的出厂说明书中的相关内容及要求调试。

如果需要亦可对其他项目，如传感元件的反应时间、电压波动对仪器准确度的影响、绝缘电阻的测定、载波频率是否准确等进行试验。通过对仪器的全面检查、试验，确认一切符合要求、各项功能正常后，即可投入安装。

**二、安全监控系统使用中的安全要求**

(1) 为保证安全监控设备灵敏、可靠，安全监控仪器设备必须定期调试校正，每月至少 1 次。

采用载体催化元件的甲烷传感器必须使用校准气样和空气气样在设备设置地点调校、便携式甲烷检测报警仪在仪器维修室调校，每 15 天至少 1 次。甲烷电闭锁和风电闭锁功能每 15 天至少测试 1 次。可能造成局部通风机停电的，每半年测试 1 次。

(2) 安全监控设备发生故障时必须及时处理，在故障处理期间必须采用人工监测等安全措施，并填写故障记录。

(3) 安全监控仪器及设备校正包括零点、灵敏度、报警点、复电点、指示值、控制逻辑等。

监测气体的安全监控仪器及设备，应采用空气样和相应的标准气样或校准气样进行调试和校准。测量风速的安全监控仪器及设备，选用经过标定的风速计校对。测量温度的安全监控仪器及设备，选用经过标定的温度计校对。

(4) 对需要经常移动的传感器、声光报警器、断电器及电缆等安全监控设备，必须由采掘班组长负责按规定移动，严禁擅自停用。

(5) 与安全监控设备关联的电气设备、电源线及控制线在拆除或改线时，必须与安全监控管理部门共同处理。检修与安全监控设备关联的电气设备，需要安全监控设备停止运行时，须经过矿调度室同意，并制定安全措施后方可进行。

(6) 凡经大修的传感器，必须经计量检定合格后，方可下井使用。

(7) 矿井安全监控系统中心站必须实时监控全部采掘工作面的瓦斯浓度变化及被控设备的通、断电状态。

(8) 矿井安全监控系统中心站值班员必须认真监视监视器所显示的各种信息，详细记录系统各部分的运行状态，负责打印监测日报表，报矿长和技术负责人审阅。接到报警后，值班员必须立即通知通风调度和生产调度。

(9) 煤矿应建立安全监控设备检修室,负责本矿安全监控设备的安装、调校、维护和简单维修工作。未建立检修室的小型煤矿,应将安全监控仪器送到检修中心进行调校和维修。

(10) 安全监控设备检修室宜配备甲烷传感器和测定器校验装置、稳压电源、示波器、频率计、信号发生器、万用表、流量计、声级计、甲烷校准气体、标准气体等仪器装备;安全监控设备检修中心除应配备上述仪器装备外,具备条件的还宜配备甲烷校准气体配气装置、气相色谱仪或红外线分析仪等。

**三、气体校准要求**

(1) 配制甲烷校准气样的装备和方法必须符合规定,选用纯度不低于 99.9%的甲烷标准气体作原料气。配制好的甲烷校准气体应以标准气体为标准,用气相色谱仪或红外线分析仪分析定值,其不确定度应小于 5%。

(2) 甲烷校准气体配气装置应放在通风良好,符合国家有关防火、防爆、压力容器安全规定的独立建筑内。配气气瓶应分室存放,室内应使用隔爆型照明灯具及电气设备。

**四、安全监控系统的安全维护**

(1) 井下安全监测工必须 24 h 值班,每天检查煤矿安全监控系统及电缆的运行情况。使用便携式甲烷检测报警仪或便携式光学甲烷检测仪与甲烷传感器进行对照,并将记录和检查结果报地面中心站值班员。当两者读数误差大于允许误差时,先以读数较大者为依据,采取安全措施,并必须在 8 h 内将两种仪器调准。

(2) 下井管理人员发现便携式甲烷检测报警仪或便携式光学甲烷检测仪与甲烷传感器读数误差大于允许误差时,应立即通知安全监控部门进行处理。

(3) 安装在采煤机、掘进机和电机车上的机(车)载断电仪,由司机负责监护,并应经常检查、清扫,每天使用便携式甲烷检测报警仪与甲烷传感器进行对照，当两者读数误差大于允许误差时，先以读数最大者为依据，采取安全措施，并立即通知安全监测工，在 8 h 内将两种仪器调准。

(4) 炮掘工作面和炮采工作面设置的甲烷传感器在爆破前应移动到安全位置，爆破后应及时恢复设置到正确位置。对需要经常移动的传感器、声光报警器、断电控制器及电缆等，由采掘班组长负责按规定移动，严禁擅自停用。

(5) 井下使用的分站、传感器、声光报警器、断电控制器及电缆等，由所在区域的区队长、班组长负责使用和管理。

(6) 传感器经过调校检测误差仍超过规定值时，必须立即更换；安全监控设备发生故障时，应及时处理，在更换和故障处理期间应采用人工监测等安全措施，并填写故障记录。

(7) 采用载体催化原理的低浓度甲烷传感器经大于 4% 的甲烷冲击后，应及时进行调校或更换。

(8) 电网停电后，备用电源不能保证设备连续工作 4 h 时，应及时更换。使用中的传感器应经常擦拭，清除外表积尘，保持清洁。采掘工作面的传感器应每天除尘；传感器应保持干燥，避免洒水淋湿；维护、移动传感器应避免摔打碰撞。

**五、安全监控系统的控制要求**

安全监控系统应由现场设备完成甲烷浓度超限声光报警和断电、复电控制功能。

(1) 甲烷浓度达到或超过报警浓度时，应声光报警。

(2) 甲烷浓度达到或超过断电浓度时，应切断被控设备电源并闭锁；甲烷浓度低于复电浓度时，应自动解锁。

(3) 与闭锁控制有关的设备(含甲烷传感器、分站、电源、断电控制器等)未投入正常运行或发生故障时，应切断该设备所监控区域的全部非本质安全型电气设备的电源并闭锁；当与闭锁控制有关的设备工作正常并稳定运行后，应自动解锁。

# 第十一章　煤矿井下电气作业安全技术实际操作

本操作标准依据《安全生产法》《煤矿安全规程》《特种作业人员安全技术培训考核管理规定》《煤矿井下电钳工安全技术培训大纲及考核标准》等有关法律、法规和标准制定，适用于从事煤矿井下电气操作作业的人员，包括井下电钳工、电气设备防爆检查工和变配电运行工。

安全技术操作采用实物操作、模拟操作和手指口述等方式。

实际操作场所须按照环境保护、劳动保护、安全和消防各项要求设置，应当设置有关安全指示标志、警示标语、考场规则等，应当安装实时监控系统。实际操作需要的设备设施包括矿用隔爆型低压真空馈电开关、矿用隔爆型低压磁力启动器、井下照明综合保护装置、矿用隔爆型电动机、局部通风机及其双电源控制开关，矿用电缆及防爆接线盒，控制电缆，局部接地极、接地母线、接地线，兆欧表、便携式甲烷检测报警仪，工作票、停电警示牌、高低压验电器、放电导体、电工工具等实物，井下供电系统模拟操作装置。设备设施及仪表应功能齐全、性能稳定、操作可靠、安全环保。

## 一、井下低压电气设备停、送电安全操作

### （一）停电准备

（1）检查仪器、防护用品。

① 便携式甲烷检测报警仪、停电牌、放电导体、电工工具等齐全、完好。

② 绝缘胶靴、工作服等个人防护用品齐全、完好。

(2) 取得停、送电许可。

① 按照停电计划及时与停、送电联系人取得可靠联系。

② 确认停、送电经过许可。

(3) 检查甲烷确认电气设备附近 20 m 范围内风流中的甲烷浓度不超过 1.0%。

(二) 停电安全操作

(1) 停待检修开关按动分闸按钮，断开真空接触器→分断隔离开关并闭锁。

(2) 停上一级开关按动分闸按钮，断开真空接触器→挂停电警示牌。

(3) 验电、放电。

打开待检修开关外壳→使用与电源电压相适应的验电笔逐项验电，确认停电→使用三相专用接地线对地或开关外壳逐项放电。

(三) 送电安全操作

1. 检查

(1) 确认开关内各电气元件安装齐全、完好。

(2) 确认开关内无任何遗留的检修工具或材料。

2. 合盖

拆除三相接地线(先拆设备端，后拆接地端)→合上开关外壳，紧固连接螺栓。

3. 为上一级开关送电

与停、送电联系人取得可靠联系→确认甲烷浓度不超过 1.0%→取下停电警示牌→确认真空接触器在分闸状态→解除隔离开关闭锁→闭合隔离开关→按动合闸按钮，馈电开关带电→确认电源指示灯亮起。

4. 为检修开关试送电

确认真空接触器处于分闸状态→解除隔离开关闭锁→闭合隔离开关→按动合闸按钮，开关带电→确认电源指示灯亮起。

## 二、井下风电、甲烷电闭锁接线安全操作

### （一）接线前的安全检查

（1）停电可靠，作业环境安全。

（2）电气设备无“失爆”现象。

（3）电气设备安装位置正确、安装条件满足要求。

### （二）闭锁开关接线的安全操作

打开动力设备控制开关（闭锁开关）接线箱盖→将控制电缆正确引入接线箱→将控制电缆线芯与控制开关闭锁接点正确连接。

### （三）局部通风机控制开关接线的安全操作

（1）打开局部通风机控制开关接线箱盖→将控制电缆正确引入控制开关接线箱→将控制电缆线芯与局部通风机控制开关闭锁接点正确连接。

（2）检查确认各开关完好，盖好接线箱盖→确认甲烷浓度不超过 1.0%→解除闭锁→送电试验→确认风电闭锁灵敏、可靠（局部通风机停电时，闭锁开关自动断电）。

### （四）甲烷监控分站接线的安全操作

（1）打开甲烷监控分站控制开关接线箱盖→将控制电缆正确引入接线箱→将控制电缆线芯与甲烷监控分站控制开关闭锁接点正确连接。

（2）检查确认各开关完好，盖好接线箱盖→确认甲烷浓度不超过 1.0%→解除闭锁→送电试验→确认甲烷电闭锁灵敏、可靠（甲烷超限时，断电仪接点打开，闭锁开关自动断电）。

## 三、井下电气保护装置检查与整定安全操作

### （一）漏电保护装置检查与整定安全操作

1. 检查漏电保护装置

（1）电网绝缘状况良好。

（2）电气开关安装平稳、可靠，馈电开关外观无“失爆”现象。

（3）局部接地极、辅助接地极连接良好。

(4)“跳闸”试验正常。

2. 整定漏电保护装置

(1) 确认开关处于合闸状态。

(2) 电子式漏电保护装置:调整开关定位到与实际使用的电源电压相同的档位,完成动作电阻值整定。

(3) 微电脑综合保护装置:设置正确的电源电压,完成动作电阻值整定。

(二) 保护接地装置安装与拆除安全操作

1. 安装局部接地极

确认局部接地极、接地母线、接地连接导线及螺栓等连接件完好→将接地母线的一端与局部接地极连接,另一端与接地导线一端连接→将局部接地极埋设于水沟中或其他就近的潮湿处→将接地导线的另一端与电气设备的接地螺栓连接,确认各连接正确、可靠。

2. 拆除局部接地极

拆除接地导线与电气设备的连接螺栓→拆除接地导线与接地母线的连接螺栓→取出水沟中的局部接地极→拆除接地母线与局部接地极的连接螺栓→清理作业现场→回收材料、工具等物品。

(三) 过流保护装置检查与整定安全操作

1. 检查过流保护装置

(1) 电气开关安装平稳、可靠。

(2) 各处导线良好,无破损及受潮情况。

(3) 各处接头、触点良好,无松动、无脱落、无烧毁现象。

(4) 内部元件、插件板等无松动、无破损。

2. 整定过流保护装置

(1) 确认开关处于合闸状态。

(2) 整定短路电流和过负载电流。

(3) 整定过流时间。

(4) 试验整定结果。

## 四、井下电缆连接与故障判断安全操作

### (一) 井下电缆连接安全操作

1. 去护套

按照接线盒规格去掉橡套电缆外护套→露出一定长度的电缆线芯。

2. 进线

将做好的电缆头依次穿入压线嘴、金属护圈和密封胶圈→把电缆线芯穿入进线嘴。

3. 接线操作

外护套进入接线室 5～15 mm→将密封胶圈、金属护圈、压线嘴等依次入位→上紧压线嘴(压紧度以手拉无串动、搬动不松动为准)→紧固压线板。

4. 压线、合盖

去掉多余的电缆线芯→将每相线芯(包括地线)逐个压在接线柱上→紧固接线柱螺栓→确认接线及紧固情况良好→清除接线腔内的杂物→擦净接线盒防爆面→涂防腐油脂→盖好上盖→紧固上盖螺栓→检查连接电缆引出、引入装置有无“失爆”现象。

### (二) 井下电缆故障判断安全操作

1. 判断单相接地故障

放电后,将电缆的一端“开路”分叉→在电缆的另一端,将兆欧表的 E 端和 L 端中的一端“接地”或连接铠装电缆铠装层→将兆欧表的另一端依次连接三相主线芯,分别测试每相线芯对地的绝缘电阻值→测得某一相绝缘电阻值为零或很低时,可判断为单相接地故障→确认读数为零或很低的一相为接地相。

2. 判断相间短路故障

放电后,将电缆的一端“开路”分叉→在电缆的另一端,将兆欧表的 E 端和 L 端分别与电缆两相主线芯连接→测得绝缘电阻值

为零时，可判断为相间短路故障。

3. 判断断相故障

放电后，将电缆的一端“短接”→在电缆的另一端，将兆欧表的E端和L端分别连接任意两相主线芯，逐个测试主线芯之间的绝缘电阻值→测得绝缘电阻值无限大时，可判断为断相故障→确认与其他两相主线芯之间的绝缘电电阻都为无限大的一相为断相的一相。

**五、井下变配电运行安全操作**

（一）“操作票”填写

(1) 依据不同的“工作票”内容，填写“操作票”。

(2) 联系电力调度部门，及时核对“操作票”中的具体操作事项。

(3) 掌握“操作票”的全部内容和安全注意事项。

（二）“操作票”执行

1. 操作准备

(1) 高压绝缘手套、电工绝缘胶靴等个人防护用品齐全、有效。

(2) 操作工具齐全、完好。

(3) 井下停、送电前，确认甲烷浓度不超过1.0%。

(4) 实行一人操作、一人监护。

2. 对票操作（两人一组，对照“操作票”在“井下供电系统模拟操作装置”上进行模拟操作）

(1) 线路检修操作。

(2) 开关检修操作。

(3) 变压器检修操作。

3. 报告及记录

(1) 及时、准确地报告操作情况及存在的问题。

(2) 做好“操作票”操作记录并保存。

（三）井下变配电运行故障判断与处理

在模拟操作装置上查找和判断变配电运行故障（至少查找两种）→在模拟操作装置上进行故障处理操作→填写变配电故障处理记录→报告故障处理结果。

**六、井下电气设备防爆安全检查**

（一）防爆安全检查准备

1. 检查准备

(1) 确认工具、量具齐全、完好，能够满足防爆检查要求。

(2) 确认甲烷浓度不超过1.0%。

2. 停电、闭锁、挂牌

(1) 对需停电检查的电气设备进行停电和闭锁操作。

(2) 挂上停电警示牌。

3. 验电

使用专用验电工具对电气设备进行验电，确认电气设备处于断电状态。

4. 放电

使用专用放电导体（导线）对电气设备进行放电，确认电气设备无残余电荷。

（二）防爆安全检查

1. 检查隔爆接合面

(1) 接合面的间隙、宽度和表面粗糙度合格。

(2) 无锈蚀、无油漆、无砂眼、无机械伤痕。

2. 检查隔爆外壳

(1) 防爆标志清晰、合格。

(2) 无裂纹、无开焊、无变形、无凹坑等缺陷。

(3) 非加工面无明显氧化层脱落。

3. 检查紧固件及其衬垫

(1) 螺栓、螺母、弹簧垫圈、金属垫圈等紧固件齐全，螺母上满扣，压平弹簧垫圈。

（2）同一部件采用相同规格的紧固件。

（3）衬垫材料合格，位置正确。

4．检查电缆引入装置

（1）电缆必须压紧，单手在接线嘴附近抽动或转动电缆时，电缆不得被拉出或旋转。

（2）一个电缆引入装置内只使用一个密封圈。

（3）密封圈无破损、无老化、无变形；密封圈与电缆护套、接线嘴之间无包扎物。

（4）密封圈内径与电缆外径的间隙、密封圈外径与接线嘴内径的间隙合格。

（5）闲置的接线嘴分别用密封圈、挡板、金属挡环依次装入并压紧。

5．检查连锁装置

（1）连锁装置功能完好，内部电气元件齐全、无损伤。

（2）保护装置动作可靠，能够保证电源接通后打不开盖或开盖后送不上电。

（三）防爆安全检查结果处理

（1）确认电气设备无“失爆”现象，挂上防爆检查“完好”指示牌，填写并粘贴“防爆合格证”。

（2）确认电气设备有“失爆”现象，指明“失爆”原因，落实现场处理措施。

（3）填写防爆检查记录，及时报告检查及处理结果。

# 第十二章　职业病防治

在煤矿开采中易产生种类众多的职业病危害因素。煤矿作业人员在工作过程中接触的职业病危害因素主要有粉尘、化学毒物、噪声、高温、振动等。

## 第一节　煤矿粉尘及常见职业病

在煤矿生产和建设过程中所产生的各种岩矿微粒统称为煤矿粉尘，它是污染作业环境、损害劳动者健康的重要职业性有害因素。

### 一、粉尘

在煤矿井下回采、掘进、运输机提升等各个生产过程中，均能产生煤矿粉尘。

(一) 粉尘的主要危害

1. 对呼吸系统的影响

粉尘对呼吸系统的损害最大，可以引发尘肺病、粉尘沉着症、呼吸系统炎症和呼吸系统肿瘤等疾病。图 12-1 为人体肺部结构图。

2. 局部作用

局部作用包括粉尘作用于呼吸道黏膜导致萎缩性病变，形成咽炎、喉炎、气管炎等；作用于皮肤，形成粉刺、毛囊炎、脓皮病等；金属和磨料粉尘可引起角膜损伤，导致角膜感觉迟钝和角膜浑浊；沥青烟尘在日光照射下可引起光感性皮炎等。

3. 中毒作用

有毒物质可在呼吸道黏膜被较快溶解、吸收，从而导致中毒。

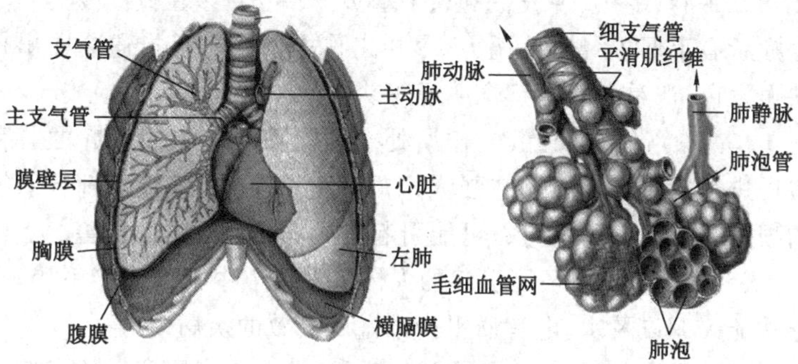


图 12-1　人体肺部结构图

（二）粉尘的主要防治措施

职业病防治工作坚持预防为主、防治结合的方针，实行分类管理、综合治理。职业病防治方面的法律法规有《中华人民共和国尘肺病防治条例》《矽尘作业工人医疗预防措施实施办法》《中华人民共和国劳动法》《中华人民共和国职业病防治法》《工作场所职业卫生管理规定》等。

## 二、常见的煤矿工人职业病

（1）尘肺病：在采煤过程中长期吸入无机矿物质粉尘引起，以肺组织弥漫性结节状或网格状纤维化为特征。

（2）煤矿井下工人慢性胃炎、关节炎、慢性咽炎、慢性鼻炎等疾病的患病率较高。

（3）皮肤病：工作环境、防护用品使用情况、长期缺少阳光照射、煤矿除（防）尘措施和煤矿职工卫生状况等，对煤矿井下作业人员的皮肤有一定的影响，毛囊炎、痤疮、皮肤瘙痒症、胼胝等皮肤病在他们身上的患病率较高。

（4）振动病及局部振动病：因长期接触强烈的生产性振动所引起的一种疾病。早期可出现肢端感觉异常、振动感觉减退，主要症状为手麻、手疼、手胀、手凉、手掌多汗、手痛(多在夜间发生),其他症状有手僵、手颤、手无力(多在工作中发生),手指遇冷即出现缺血发白,严重时血管痉挛明显等。

(5) 噪声性耳聋:由于长期处于强噪声环境中而引起的一种缓慢进行的耳聋。长期在强噪声的环境中工作,易造成听觉系统的损害,形成耳聋,同时还可能引起对人体其他系统的损害。

(6) 中暑:高温环境引起的人体体温调节中枢的功能障碍,汗腺功能失调以及水、电解质平衡紊乱所导致的疾病。

(7) 滑囊炎:由于长期、持续、反复、集中和力量稍大的摩擦和压迫而引起的疾病。在一些煤层薄、采高低、机械化程度不高的矿区,滑囊炎的患病率较高。煤矿工人的工龄越长、年龄越大,患病率越高。不同工种的患病率是有差异的,其中采煤工的患病率最高,其次是掘进工。

## 第二节　煤矿职业危害防治及劳动者职业健康方面的权利

### 一、煤矿主要职业危害的防治

#### (一) 职业毒害的防治

接触有毒物质时间的长短、剂量大小、发病缓急,其中毒表现是不同的,有急性中毒、亚急性中毒、慢性中毒三种。短时间内大量毒物侵入人体会引起急性中毒;长时间吸入小剂量毒物会引起慢性中毒;介于急性中毒和慢性中毒之间、在较短时间内吸入较大剂量毒物引起的中毒为亚急性中毒。

#### (二) 防护措施

(1) 消除毒物。煤矿井下的有毒气体主要来源于炮烟和煤氧化、火灾等。因为很多有毒气体是易溶于水的,通过加强通风和喷雾洒水排除和降低有毒气体含量,净化空气,是消除毒物危害的最根本、最有效的措施。

(2) 加强个人防护。爆破后烟末散去或作业现场空气质量太差时,作业人员不要急着进入工作面,待烟散尽、现场空气质量好转时再进入工作面。同时,还应用好防护服、防护面具、防尘口罩、自救器等。

(3) 提高机体防御能力。对于在有害物质场所的作业人员,应给予其必要的保健待遇,使其加强营养。

(4) 加强对有害物质的监测,掌握其浓度含量,做到心中有数,控制其危害程度。

(5) 对受到危害的人员及时进行健康检查。必要时实行转岗、换岗作业。

(6) 加强有害物质及其预防措施的宣传教育,建立健全安全生产责任制、卫生责任制和岗位责任制等。

**二、劳动者在职业健康方面的权利**

《职业病防治法》规定,劳动者享有以下职业卫生保护权利。

(1) 获得职业卫生教育、培训;

(2) 获得职业健康检查、职业病诊疗、康复等职业病防治服务;

(3) 了解工作场所产生或者可能产生的职业病危害因素、危害后果和应当采取的职业病防护措施;

(4) 要求用人单位提供符合防治职业病要求的职业病防护设施和个人使用的职业病防护用品,改善工作条件;

(5) 对违反职业病防治法律、法规以及危及生命健康的行为提出批评、检举和控告;

(6) 拒绝违章指挥和强令进行没有职业病防护措施的作业;

(7) 参与用人单位职业卫生工作的民主管理,对职业病防治工作提出意见和建议。

**【案例】**

苏某是陕西人，经同乡介绍，他到山西省某煤矿工作，后他在工地上发生了一次事故，却意外得知自己患上了硅肺病。

山西某医院对其做了进一步检查，确诊其患上了硅肺病。医生说这种病是由于苏某长期在矿井下吸入有害气体所致，属于职业病。带着这份诊断书，他向企业提出索赔，要求进一步治疗。不料，企业以苏某在矿井中的工龄只有18个月为由，认为其工作时间太短，不可能患职业病而拒绝为其治疗。

一筹莫展的苏某找到山西省农民工法律援助工作站，该工作站为其提供了法律援助。

# 第十三章　自救互救与安全避险

## 第一节　煤矿安全避险"六大系统"

煤矿安全避险系统是预防事故以及事故发生时开展自救互救、紧急避险而达到减少伤亡目的的重要技术保障。

"六大系统"是指矿井监测监控系统、煤矿井下人员定位系统、井下紧急避险系统、矿井压风自救系统、矿井供水施救系统和矿井通信联络系统。

煤矿应建立应急演练制度，科学确定避灾路线，编制应急预案，每年开展一次"六大系统"联合应急演练。

### 一、矿井监测监控系统

煤矿企业必须按照《煤矿安全监控系统及检测仪器使用管理规范》(AQ 1029—2019)的要求，建设完善矿井监测监控系统，实现对煤矿井下瓦斯浓度、一氧化碳浓度、温度、风速等的动态监控，为煤矿安全管理提供决策依据。要加强系统设备维护，定期进行调试、校正，及时升级、拓展系统功能和扩大监控范围，确保设备性能完好、系统灵敏可靠。要健全完善规章制度和事故应急预案，明确值班、带班人员责任，矿井监测监控系统中心站实行 24 h 值班制度，当系统发出报警、断电、馈电等异常信息时，能够迅速采取断电、撤人、停工等应急处置措施，充分发挥其安全避险的预警作用。

### 二、煤矿井下人员定位系统

煤矿企业必须按照《煤矿井下人员位置监测系统使用与管理规范》(MT/T 1198—2023)的要求，建设完善煤矿井下人员定位系统，并做好系统维护和升级改造工作，保障系统安全可靠运行。所有入井人员必须携带识别卡（或具备定位功能的无线通信设备），确保能够实时掌握井下各个作业区域人员的动态分布及变化情况。要进一步建立健全安全制度，发挥人员定位系统在定员管理和应急救援中的作用。

**三、井下紧急避险系统**

《煤矿安全规程》第六百八十八条规定，突出矿井，以及发生险情或者事故时井下人员依靠自救器或者1次自救器接力不能安全撤至地面的矿井，应当建设井下紧急避险设施。紧急避险设施的布局、类型、技术性能等具体设计，应当经矿总工程师审批。

紧急避险设施应当设置在避灾路线上，并有醒目标识。矿井避灾路线图中应当明确标注紧急避险设施的位置、规格和种类，井巷中应当有紧急避险设施方位指示。

**四、矿井压风自救系统**

煤矿企业必须在按照《煤矿安全规程》要求建立压风系统的基础上，遵照所有采掘作业地点在灾变期间能够提供压风供气的要求，进一步建设完善压风自救系统。空气压缩机应设置在地面；深部多水平开采的矿井，空气压缩机安装在地面难以保证对井下作业点有效供风时，可在其供风水平以上两个水平的进风井井底车场安全可靠的位置安装，但不得使用滑片式空气压缩机。井下压风管路要采取保护措施，防止灾变破坏。突出矿井的采掘工作面要按照《防治煤与瓦斯突出规定》要求设置压风自救装置，其他矿井掘进工作面要安设压风管路，并设置供气阀门。

**五、矿井供水施救系统**

矿井供水施救系统是指为了保证发生火灾、爆炸等事故时现场人员用水的需要而事先配装的实时供水系统。煤矿企业必须按照《煤矿安全规程》的要求，建设完善的防尘供水系统。除按照《煤矿安全规程》要求设置三通及阀门外，还要在所有采掘工作面和其他人员较集中的地点设置供水阀门，保证各采掘作业地点在灾变期间能够实现提供应急供水的要求。要加强供水管路的维护，不得出现跑、冒、滴、漏现象，保证阀门开关灵活。

**六、矿井通信联络系统**

矿井通信联络系统是指保证事故发生后实施救援时，现场能够畅通、有效地传递重要信息的系统。煤矿企业必须按照《煤矿安全规程》的要求，建设井下通信系统，并按照在灾变期间能够及时通知人员撤离和实现与避险人员通话的要求，进一步建设完善通信联络系统。在主副井绞车房、井底车场、运输调度室、采区变电所、水泵房等主要机电设备硐室、采掘工作面以及采区、水平最高点，应安设电话。井下避难硐室（救生舱）、井下主要水泵房、井下中央变电所和突出煤层采掘工作面、爆破时撤离人员集中地点等，必须设有直通矿调度室的电话。要积极推广使用井下无线通信系统、井下广播系统。发生险情时，要及时通知井下人员撤离。

## 第二节　自救与互救

煤矿事故发生时，如何在矿难中自救、互救显得十分重要。

**一、自救与互救的基本常识**

每个井下人员仅仅知道怎样防止和排除事故是不够的，还必须知道，并且要熟练地掌握怎样正确而又迅速地进行自救和互救，使自己和其他人员能安然脱险得救。

（一）自救与互救的概念

自救是指井下发生意外灾变时，在灾区或受灾变影响的区域内的每个工作人员进行避灾和保护自己的方法。互救是指在有效地进行自救的基础上，去救护灾区内受伤人员的方法。为了达到矿工自救和互救的目的，每个井下工作人员都必须熟悉并掌握所在矿井的灾害预防，熟练地使用自救器，掌握发生各种灾害事故的预兆、性质、特点和避灾方法，抢救灾区受伤人员的基本方法以及学会最基本的现场急救操作技术等。

每个煤矿的管理者，应有计划地对所有煤矿工作人员进行这方面培训，不能熟练地掌握自救、互救和现场急救操作技术的人员，不能算是一名合格的矿工，不允许其下井工作。

（二）自救与互救的行动原则

1. 迅速撤离灾区

当发生重大灾害事故，灾区不具备事故抢险的条件，或者在抢救事故时可能危及营救人员自身安全时，应迅速撤离现场、躲避到安全地点或撤到井上。

(1) 撤退人员要在班组长或有经验的老工人的带领下，根据矿井灾害预防和处理计划中规定的避灾路线和实际情况，尽量选择安全条件最好、距离最短的路线，迅速撤离危险区域。

(2) 在撤退时，要服从领导，听从指挥，禁止狂奔乱叫。要根据灾情正确佩戴和使用劳动保护用品。

(3) 要发扬团结互助的精神，照顾好伤员和年龄较大、身体较弱的工友。

(4) 遇有溜煤眼、积水区、塌冒地段和瓦斯积存巷道等危险区域时，应探明情况，谨慎通过。

(5) 在撤退途中迷失方向时，一般可按风流方向和水流方向决定行进方向。通常风流方向与水流方向相反。当发生爆炸、火灾事故时，位于灾区进风侧的人员可逆风流（或顺水流）撤退到安全地点，位于灾区回风侧的人员可逆风流（或顺水流）冲过灾区撤离到新鲜空气中；如果强行冲过灾区有危险时，可选择最近路线撤离到新鲜空气中。当发生透水事故时，人员可背离水流方向撤到高处逃出。

2. 及时报告灾情

在灾害事故发生初期，事故现场的作业人员应尽量了解或判断事故性质、地点和灾害程度，在积极、安全地消除或控制事故的同时，要及时向矿调度室报告灾情，并迅速向事故可能波及区域的人员发出警报。

(1) 报告形式：利用最近处的电话进行报告。不要舍近求远，更不要跑到井上进行口头报告。要注意在有瓦斯的地点必须使用防爆型电话，否则电话机产生的火花可能引爆瓦斯。

(2) 报告对象：要直接向矿调度室报告。因为矿调度室是全矿抢险救灾指挥中心，矿领导 24 h 调度值班，可以组织全矿人力、物力对事故进行抢救。若本矿力量不足，矿调度室还可以通过调度向上级领导求援。

(3) 报告内容：包括事故的性质、发生地点、事故影响范围、现场作业人员伤亡情况以及抢救、撤离的措施和方法等。

(4) 报告方法：要沉着冷静，不要慌乱，尽量把话说清楚；不要撒谎，要如实报告灾情，不清楚的就报告说“不清楚”，待回到现场了解清楚后或按领导指令了解某一情况后，再次向矿调度室报告。

**【案例】**

1998 年 6 月 12 日，安徽省某煤矿掘进工作面发生煤与瓦斯突出事故。突出煤岩量 650 t，瓦斯量 12 600 $m^3$。当日 12 时 18 分，瓦斯检查工王某突然听到掘进迎头现场作业人员的喊叫声、风筒的剧烈抖动声以及从迎头传来的“扑扑”声。王某想到迎头去看看，但刚站起来，便感到腿发软、有被熏的感觉，同时有一股强气流从里面向外推动，他便意识到可能发生了事故。王某随即向外撤退，并通知附近 3 名钻眼工和 8 名采掘人员全部撤离事故现场。随后，王某快速跑到附近的变电所打电话，向矿调度室汇报详细灾情。矿领导立即布置停电撤人、组织抢险。这次事故经救护队 3 个昼夜的奋力抢救，消除了灾害，有 2 人遇难、1 人被堵在灾区内被救护队救出。

3. 积极消除灾害

工作人员应利用现场条件，在保证自身安全的前提下，采取积极有效的措施和方法，及时投入现场抢救，将事故消灭在初始阶段或控制在最小范围内，最大限度地减少事故造成的损失。抢救人员时要做到“三先三后”（先抢救生还者，后处理已死亡者；先抢救伤势较重者，后抢救伤势较轻者；对于窒息或心跳、呼吸停止不久、出血和骨折的伤工，先复苏、止血和固定，然后搬运）。

（1）在消除灾害时，必须保持统一的指挥和严密的组织，严禁冒险蛮干和惊慌失措，严禁各行其是和单独行动。

（2）在积极抢救过程中，首先要确保自身安全，并提高警惕，采取严密措施，避免中毒、窒息、爆炸、触电、二次突出、顶帮二次垮落和透水冲人等再生事故的发生，保证营救人员的安全。

（3）要采取各种有效措施，消除初始灾害或防止灾区情况恶化。如发生火灾时，现场作业人员应尽量利用现场条件进行直接灭火，把新起火灾迅速扑灭；如发生冒顶事故时，现场作业人员应立即采取加强支护控制顶板的措施；如发生煤与瓦斯突出时，应迅速关好防突反向风门；如发生透水事故时，应迅速关闭水闸门等。

4. 妥善安全避灾

当灾害事故发生后，避灾路线因冒顶、积水、火灾或有害气体等原因造成阻塞，现场作业人员无法撤退时，或在自救器有效工作时间内不能到达安全地点时，应迅速进入避难硐室和灾区较安全地点，或者就近快速构造临时避难硐室，进行自救互救，妥善安全避灾，努力维持和改善自身生存条件，等待营救。

（1）保持良好的精神状态。遇险时，千万不可过分悲观和忧虑，更不能急躁盲动、冒险乱闯；不要吞饮煤块、衣物、胶带等物，不要饮用不干净、有毒的井下水；要具有长时间避灾的精神和物质准备；避灾时应静坐，避免不必要的体力消耗和氧气消耗；节约矿灯电量和食品；坚定获救脱险的信念，互相帮助、互相鼓励，克服一切困难，坚持到最后安全脱险。

（2）加强安全防护，改善避灾地点的生存条件。避灾时，要密切关注避灾地点的烟火、风流、顶板、水情和温度等变化。当发现危及人员安全的情况时，应就地取材构筑安全防护设施，如用支架、木料建防护挡板，防止冒落煤矸石窜入；用衣服、风帘堵严或建立临时挡风墙、挡风帘，防止有害气体涌入；在有害气体超限时，要佩戴自救器或使用压风自救系统；用煤矸石或其他材料设置挡水墙，防止矿井水流入。如果发觉避灾地点条件恶化、可能危及人员安全时，应立即转移到附近的其他安全地点。

（3）保持与外部营救人员的联系。避灾人员应在避灾地点外面，采用写字、吊挂衣物等办法，设置明显标记，为营救人员寻找遇险遇难人员指示目标。在避灾地点，应用呼喊，敲击顶帮、铁棚、铁管等方法向外发出求救信号，一旦与外部营救人员取得联系，要不断地、有节律地发出这种信号。如果有可能，可寻找电话或其他通信设备，尽快与外部人员通话。如果转移避灾地点，应在转移途中设置明显指示标记，以便营救人员跟踪寻找。

（4）积极创造自救脱险条件。在避灾地点，应在保证自身安全的情况下，积极开展自救与互救。应利用现场设备、材料、工具，发挥避灾人员的特长，创造条件自行脱险，或者为外部营救人员创造条件，为提前脱险做准备。

（5）积极配合外部营救人员的抢救工作。在避灾地点发现有人来营救自己时，或者在被营救脱险时，要控制自己的情绪，不可慌乱和过分激动。当外面输送进来食品时，不要暴饮暴食。要听从营救人员的安排，积极配合营救人员的抢救工作，避免造成不必要的意外伤害。

## 二、井下发生各类灾害事故时的自救与互救

### （一）瓦斯、煤尘爆炸事故时的自救与互救

当瓦斯、煤尘爆炸时，在现场和附近巷道的工作人员，千万不可惊慌失措。当听到爆炸声和感到冲击波造成的空气震动气浪时，应迅速背朝爆炸冲击波传来的方向卧倒，脸部朝下，把头放低些，在有水沟的地方最好侧卧在水沟里边，脸朝水沟侧面的沟壁，迅速用湿毛巾将嘴、鼻捂住，同时用最快的速度戴上自救器，拉严身上衣物盖住露出的部分，以防被爆炸的高温灼伤。在听到爆炸声的瞬间，最好尽力屏住呼吸，防止因吸入有毒高温气体而灼伤内脏。

事故发生后，不要太紧张，要冷静下来，明确自己所在的位置和巷道名称，要迅速辨清方向，按照避灾路线以最快的速度赶到新鲜风流方向。外撤时，要随时注意巷道的风流方向，要迎着新鲜风流走。

用好自救器是自救的主要环节。当戴上自救器后，绝不可轻易取下而吸入外界气体，以免遭受有害气体的毒害，要一直坚持到安全地点方可取下。

### （二）煤与瓦斯突出时的自救与互救

采煤工作面发生煤与瓦斯突出或出现预兆时，要以最快的速度通知作业人员迅速向进风侧撤离。撤离中应快速佩戴好自救器，迎着新鲜风流外撤。如果距离新鲜风流太远，应首先到避难硐室内避灾，或利用压风自救系统进行自救。

**【案例】**

2006 年 4 月 9 日 10 时 23 分，重庆某煤矿发生煤与瓦斯突出事故，突出煤量 490 t、瓦斯量 9.1 万 $m^3$。当时，“轰”的一声巨响伴随着巨大的风浪吹倒了瓦斯检查工张某。张某意识到了灾难降临，三步并作两步地冲向压风自救器，大口呼吸新鲜空气。为了逃生，他奋力打开了被突出飓风关闭了的防突风门。自救成功后，张

某一口气跑到变电所，向矿调度室报告了灾情，请求矿领导赶快派救护队来营救。之后，他又通过通风瓦斯调度电话，得知南二区域瓦斯严重超限。他对变电所值班电工说："师傅，你守在电话旁等救护队，我到风巷去撤人。"走出变电所 10 m 远时，他看见一束灯光半掩着，昏昏暗暗的，便高声呼喊："里边的工友，瓦斯突出了，赶快撤离！"发现对方没有反应时，他又抓起身边的瓦斯检测器，确定瓦斯含量不大，便直奔昏暗灯光处。

张某发现一人已经被瓦斯熏倒，便一把把他拽起来背上，并飞快地跑到 100 m 远的安全地带。张某认出这是瓦斯检查工李某。他使劲掐了掐李某，只听李某"哎呀"一声叫了起来，张某兴奋地大声喊道："李××，李××，你要挺住。"2 分钟后，李某微微睁开眼睛，有气无力地对张某说："快救工友。"

看到李某苏醒，张某松了一口气，他把李某安置在进风处，又去组织疏散其他工友。张某在发生事故周边的 4 条巷道进出口处设立了警示标语，构建了警示栅栏，并搬来 4 块重达 50 多千克的矸石分别放到 4 条巷道中间，用粉笔写上："工友：此处发生煤与瓦斯突出事故，请绕道行走！！ 2006 年 4 月 9 日"。

张某做完安全警示标志后，再次来到发生事故工作面的防突风门处，阻止了工作人员进入，等待救护队员的到来。

在这次事故中，张某通过自救成功脱险后，及时营救出 1 名工友，并使 1 个掘进工作面和 1 个采煤工作面的 30 多名工友迅速撤离灾区。

（三）矿井火灾事故时的自救与互救

1. 矿井火灾事故的救护原则

（1）控制烟雾的蔓延，使其不危及井下人员的安全。

（2）防止火灾扩大。

（3）防止引起瓦斯、煤尘爆炸，防止火风压引起风流逆转而造成危害。

(4) 保证救灾人员的安全,并有利于抢救遇险人员。

(5) 创造有利的灭火条件。

2. 井下火灾的常用扑救方法

(1) 直接方法灭火。用水、惰性气体、泡沫剂、干粉、砂子(岩粉)等,在火源附近或离火源一定距离直接扑灭矿井火灾。

(2) 隔绝方法灭火。隔绝灭火就是在通往火区的所有巷道内构筑防火墙,将风流全部隔断,阻止空气的供给,使矿井火灾逐渐自行熄灭。

(3) 综合方法灭火。先用密闭墙封闭火区,待火区内部分火熄灭和温度降低后,采取措施控制火区,并打开密闭墙用直接灭火方法灭火。应先将火区大面积封闭;待火势减弱后,再锁风逐步缩小火区范围;最后进行直接灭火。

**【案例】**

1984 年 2 月 24 日 4 时 30 分,河南省某煤矿 22231 巷道刮板输送机液力联轴节冒火,点燃了油垢、煤和杂物,引起火灾。

火灾发生后,正在井下睡觉的开溜工被烟熏醒,发现机头处一片火光,立即脱下棉背心用力扑打,但无效。于是仓皇跑出,到工作面运输平巷叫人停电灭火。在此之前,掘二队一名机电工在联络巷嗅到了烟味,他打开第一道风门时发现烟雾,打开第二道风门时,就觉得烟雾逼人,呼吸困难。他发现局部通风机正在运行吸烟,为了保证掘进工作面作业人员安全,他果断地关闭了第一台局部通风机。这时他已不能冲出火区,退而关闭第一道风门,又停止第二台局部通风机运转,以此来迫使掘一队和掘二队发现烟雾,停止送风,从而及时撤离危险区。之后他又跑到变电所切断了掘一队、掘二队和开拓队的电源,使他们急速撤离现场。当机电四队一名机电班长发现火情后,立即叫变电所值班员坚守岗位,切断开拓二队电源,把井下发生火灾的情况报告矿调度室,并急速冲入采煤工作面叫人撤离。

被火烟包围的采煤工作面共有 21 人,12 名工人冲出了危险区,9 名工人被围困在火烟区内。9 名工人在驻矿安监处副处长和矿安检员的统一组织下,开展应急自救与互救工作。他们先将人员转移到采煤工作面回风巷的风门以外,并停开原生产期间为加大风量而使用的局部通风机,以降低高负压区。然后立即用衣服等物,将风门严密封闭,消除负压,使这一区域形成稳流,防止火烟往采煤工作面急速流动,以保存巷道中间有限的新鲜空气。为了避免氧耗量增加,大家静止待命,节约矿灯电量,并商讨脱险之计。当大家急着要由回风流强行撤退时,副处长提出"不能冒险、盲目集体撤出"。他派两人侦察,发现烟雾浓,温度高,不能外撤,因此,大家撤返到密闭处等待救援。当他们发现烟雾逆退时,便将回风侧的三道灭尘水幕打开,达到降温、隔绝烟雾逆流、消烟和吸收二氧化碳的目的。

6 时 30 分,遇险人员心急难耐,重新将风门打开,发现无烟雾,便进入采煤工作面,边行进边侦察。他们到达机头处用电话与矿调度室取得了联系。调度室立即通知井下救援基地派救护队员急速前去营救。由于领取的自救器不足,第一批营救出 6 人,剩余的 1 名老救护队员与暂未撤出的 3 名工人一起,为了延缓时间、防止中毒,并通过敲击铁管传递信号,等待救护队第二次前来营救。8 时 30 分,遇险人员全部安全脱险。

(四) 矿井透水事故时的自救与互救

作业人员发现透水预兆要立即向矿调度室汇报。若是情况紧急,透水即将发生,必须立即发出警报,迅速采取果断措施进行处理,防止透水发生,防止淹井,并及时撤出所有受水害威胁的人员。

水害发生后的自救与互救应注意以下几个方面。

(1) 撤离时要服从命令,不可慌乱,要注意往高处走,并沿预定的避灾路线出井。

(2) 位于透水点下方的工作人员，撤离时遇到水势很猛和很高的水头时，要尽力屏住呼吸，用手拽住管道等物，防止呛水和溺水，奋勇用力闯过水头，借助巷道壁及其他物体，迅速撤往安全地点。

(3) 当外出道路已被水阻隔、无法撤出时，应选择地势最高、离井筒或大巷最近的地点，或上山独头巷道暂时躲避。被堵在上山独头巷道内的人员，要做好长时间被堵的思想准备，要节约使用矿灯和食品，有规律地敲打金属器具，发出求救信号。同时，要发扬团结互助的精神，共同克服困难，坚信上级会全力营救，相信能够安全脱险。要忍饥静卧，降低消耗，饮水延命，等待救援脱险。

(4) 若透水来自老空区和老窑积水，因同时会有大量有毒气体涌出，撤离时每人都要迅速戴好自救器，或用湿毛巾掩住口鼻，以防中毒或窒息。

(5) 撤离途中经过水闸门时，最后一个人撤出后要立即紧紧关闭水闸门。水泵司机在没有接到救灾指挥部的撤离命令前，绝对不准离开工作岗位。

(五) 矿山(隧道)事故救援联络信号

当矿山(隧道)事故发生后，救援人员和被困人员在采取防爆安全措施的情况下，可利用坚硬物体敲击管路、铁轨、钻杆等发出"5432"(5声"呼救"、4声"报数"、3声"收到"、2声"停止")救援联络信号。

(1) 5声：寻求联络。被困人员敲击5声为求救信号；救援人员敲击5声为寻求联络信号。

(2) 4声：询问被困人员数量。救援人员敲击4声为询问信号；被困人员确认收到后，按被困人数敲击为回复信号。

(3) 3声：收到。敲击3声表示"收到"对方信号和意图。

(4) 2声：停止。被困人员敲击2声为"停止"，表示停止给养补给或遇突发情况需停止行动。

注意：每次敲击间隔1 s，分组发出信号，每组信号间隔30 s。明白意图后敲击3声回复"收到"，未"收到"回复时可重复敲击发出信号。

**【案例】**

1956年10月24日10时40分，山西省某煤矿掘进巷道打通老窖水发生透水事故。这次事故共处理了27天，排除积水18万$m^3$。由于被围困在灾区的2名工人积极采取了自救与互救措施，提前获救脱险。

该矿透水地点在北一上山西四平巷。透水后这2名工人逃生到西二平巷避灾。在避灾期间，他们打死了一头骡子，饿了吃骡子肉，渴了喝井下水。同时，他们坚持不懈地向下掘进小巷道以备逃生之用，直到掘通西一平巷。矿山救护队在营救时，由运输巷往上掘进7 m打通西一平巷后，发现西一平巷北部有一个断面为0.25 $m^2$的小通道，救护队分析事故前此处无通道，肯定是遇险人员自救扒开的。于是摘下呼吸器爬进去找人，并听到通道里有人呼吸的声音，队员们拍手向里面发出联系信号，得到了里面的回音。救护队员往上爬到西二平巷，发现了他们二人，便立即将他们抬到安全地点并施以急救，后经多方抢救，二人恢复了健康。

（六）冒顶事故时的救护

1. 一般原则

(1) 矿井发生冒顶事故后，矿山救护队的主要任务是抢救遇险人员和恢复通风。

(2) 在处理冒顶事故之前，矿山救护队应向事故附近地区工作的管理人员和工人了解事故发生的原因、冒顶地区顶板的特性、事故前人员的分布位置、瓦斯浓度等，并实地查看周围支架和顶板情况，必要时应加固附近支架，保证退路安全畅通。

(3) 抢救人员时，可用呼喊、敲击的方法听取回击声，或用声响接收式和无线电波接收式寻人仪等装置，判断遇险人员的位置，与遇险人员保持联系，鼓励他们配合抢救工作。对于被堵人员，应在支护好顶板的情况下，用掘小巷、绕道通过冒落区或使用矿山救护轻便支架穿越冒落区等方法接近他们。

(4) 在处理冒顶事故的过程中，矿山救护队始终要有专人检查瓦斯和观察顶板情况，发现异常，立即撤出人员。

(5) 清理堵塞物时，使用工具要小心，防止伤害遇险人员；遇有大块矸石、木柱、金属网、铁架、铁柱等物压人时，可使用千斤顶、液压起重器、液压剪刀等工具进行处理，绝不可用镐刨、锤砸等方法扒人或破岩。

(6) 抢救出的遇险人员，要给其用毯子保温，并迅速将其运至安全地点进行创伤检查，在现场开展输氧和人工呼吸、止血、包扎等急救处理，危重伤员要尽快送医院治疗。对长期困在井下的人员，不要用灯光照射其眼睛，其饮食要由医生决定。

2. 抢救遇险人员的方法

(1) 当顶板冒落范围不大时，如果遇险人员被大块矸石压住，可采用千斤顶、撬棍等工具把大块岩石顶起，将人迅速救出。

(2) 当顶板沿煤壁冒落、矸石块度比较破碎、遇险人员又靠近煤壁位置时，可采用沿煤壁方向掏小洞、架设临时支架维护顶板、边支护边掏洞等方法，直到救出遇险人员。

(3) 如果遇险人员位置靠近放顶区，可采用沿放顶区方向掏小洞、架设临时支架、背帮背顶，或用前探棚边支护边掏洞等方法，把遇险人员救出。

(4) 在冒落范围较小，矸石块度小、比较破碎，并且继续下落，矸石扒一点、漏一些的情况下处理冒顶和抢救人员时，可采用撞楔法处理，以控制顶板。

(5) 当分层开采的工作面发生事故、底板是煤层、遇险人员位于金属网或荆笆假顶下面时，可沿底板煤层掏小洞，边支护边掏洞，接近遇险人员后将其救出。当底板是岩石、遇险人员位于金属网或荆笆假顶下面时，可沿煤壁掏小洞，寻找和救出遇险人员。

(6) 当冒落范围很大、遇险人员位于冒落工作面的中间时，可采用掏小洞和撞楔法的方法救出遇险人员。当事故发生时间过长而不安全时，也可采取另掘开切眼、边掘进边支护的方法救出遇险人员。

(7) 如果工作面两端冒落，把人堵在工作面内，采用掏小洞和撞楔法穿不过去，可采取另掘巷道的方法，绕过冒落区或危险区将遇险人员救出。

3. 冒顶事故的处理方法

(1) 局部小冒顶的处理。采煤工作面发生冒顶的范围小，顶板没有冒实，顶板矸石已暂时停止下落，这种局部小冒顶比较容易处理。一般采取掏梁窝、探大梁，使用单腿棚或悬挂金属顶梁的方法处理。

(2) 局部冒顶范围较大的处理。这里分两种情况：一种情况是伪顶冒落直接顶未落，一般采取从冒顶两端向中间进行探梁处理；另一种情况是直接顶冒落，而且冒落区不停地沿煤壁空隙往下掉碎矸石，一般采取打撞楔的办法处理。

(3) 大面积冒顶的处理。对于缓倾斜薄煤层和中厚煤层，尤其是中厚煤层处理工作面大冒顶的方法主要有两种，一种是恢复工作面的方法，另一种是另掘开切眼或局部另掘开切眼的方法。

(七) 井下有害气体中毒人员的救护措施

对于有害气体中毒遇险人员，应立即将其抬到新鲜风流的巷道或地面，根据其中毒情况采取急救措施。

1. 一氧化碳中毒

一氧化碳中毒人员呼吸浅而急促，失去知觉时面颊及身上有红斑，嘴唇呈桃红色。对中毒人员可采用人工呼吸或用苏生器输氧。输氧时可渗入5%～7%的二氧化碳，以使其呼吸中枢兴奋，促进其恢复呼吸机能。

2. 硫化氢中毒

硫化氢中毒除施行人工呼吸或用苏生器输氧外，可将浸以氯水溶液的棉花团、手帕等放入其口腔内，因为氯是硫化氢的良好解毒物。

3. 二氧化硫中毒

由于二氧化硫遇水生成硫酸，对呼吸系统有强烈的刺激作用，严重时可能被灼伤，所以除了施行人工呼吸或用苏生器输氧外，应给中毒人员服牛奶、蜂蜜或用苏打溶液漱口，以减轻刺激。

4. 二氧化氮中毒

二氧化氮中毒最突出的特征是指尖、头发变黄，并有咳嗽、恶心、呕吐等症状。因为二氧化氮中毒时，中毒人员会发生肺浮肿，因而不能采用人工呼吸。若必须用苏生器苏生时，在纯氧中不能掺二氧化碳，以避免刺激中毒人员的肺部，最好是在苏生器供氧的情况下，使中毒人员能进行自主呼吸。

5. 二氧化碳及瓦斯窒息

对二氧化碳及瓦斯窒息造成假死的中毒人员，除了对其进行人工呼吸和用苏生器输氧外，还要摩擦其皮肤或令其闻氨水，以促进其呼吸。

## 第三节 现场急救

现场急救是指当煤矿发生人身伤害事故时，由现场工作人员对伤员采取的紧急救护措施。现场急救包括现场评估、呼救、解脱伤员、心肺脑复苏、止血包扎、固定、搬运等。现场急救的目的是使伤员得到及时、正确的救助，减少伤员的痛苦，挽救伤员的生命，避免二次损伤发生。现场急救强调现场性、非专业性。

### 一、现场急救的基本原则

(1) 先看后抢：评估现场和伤员的伤情。

(2) 先抢后救:使处于危险境地的伤员尽快脱离险境,将其移至安全地带后再救治。

(3) 先重后轻:对大出血、呼吸异常、脉搏细弱或心搏骤停、神志不清的伤员,应立即采取急救措施,挽救其生命。对昏迷伤员应注意维持其呼吸道通畅。处理伤口时,一般应先止血、后包扎、再固定,并尽快将伤员妥善地转送医院。

(4) 先救后送:现场所有的伤员必须经过急救处理后,方可转送医院。

## 二、现场急救的方法

### (一) 迅速判断事故现场的基本情况

1. 现场评估内容

(1) 注意现场是否仍有危险存在,评估通风、顶板、瓦斯、水况、油气、机械等因素是否可能对救护者或伤员继续造成伤害。

(2) 引起伤害的原因和受伤人数。

(3) 现场急救可以利用的人力和物力资源,现场最需要何种支援,应首先采取的救护行动等。

2. 伤情评估内容

现场评估后,要进行伤情评估,包括检查病人的意识、气道、呼吸、心跳、瞳孔反应等生命体征。若发现异常,须先处理威胁生命的情况并及时呼救。

### (二) 呼救

(1) 向附近人群高声呼救:“快来人呀！这里有人受伤,需要抢救!”以吸引附近的同伴尽快参与抢救。

(2) 拨打电话向矿调度室进行紧急汇报。汇报内容包括:① 发现伤员所在的确切地点,引起受伤的可能原因,伤员的人数和大概伤情;② 病人目前最危重的情况,如昏迷、呼吸困难、心跳停止、大出血等;③ 现场已采取的救护措施,如止血、心肺复苏等。汇报后,呼救者不要先放下话筒,要等矿调度人员先挂断电话再挂机。急救部门根据呼救电话的内容,应迅速下达救护指示,派出急救人员,及时赶到事故现场。

(三) 排除事故现场潜在危险

要及时排除事故现场潜在的危险,帮助受困人员脱离险境。

(四) 注意保护事故现场

一般不得随意把伤员移出事故现场,但若伤员处于潜在危险之中,则应迅速将其移出现场并置于安全地带施救,伤员出事位置要做标记。

(五) 伤情检查

要有整体观,首先要查出危及生命和可能致残的危重伤员,切勿被局部伤口迷惑。

(1) 生命体征。

检查伤员的意识、瞳孔、脉搏、呼吸等。

(2) 出血情况。

伤口大量出血是伤情加重或致死的重要原因,现场应尽快发现危重伤员大出血的部位。若伤员有面色苍白、脉搏快而弱、四肢冰凉等大失血的征象,却没有明显的伤口,应警惕其为内出血。

(3) 有无骨折。

当发生骨折时,伤员的肢体会出现畸形、反常活动、肿胀、青紫等情况。

(4) 皮肤及软组织损伤。

伤员的皮肤表面会出现淤血、血肿等。

(六) 徒手心肺复苏

心肺复苏是针对呼吸、心搏骤停的伤员采取的急救措施。由于心跳、呼吸突然停止,会导致伤员全身重要脏器发生缺血缺氧,尤其是大脑。大脑一旦缺血缺氧时间超过 4～6 min,脑细胞将发生不可逆的损害。因此在 4～6 min 内,最好能在 4 min 内,应对伤员进行心肺复苏,在其气道畅通的前提下用人工呼吸为其补充氧气、用胸外心脏按压使带有新鲜氧气的血液到达其大脑和其他重要脏器。

心肺复苏的目的不仅要使心肺的功能得以恢复，更重要的是恢复大脑功能，避免和减少植物状态的发生。对心跳、呼吸骤停后的伤员，在 1 min 内进行心肺复苏的救活率接近 100%；在 4 min 内进行心肺复苏的，约有 50%被救活；在 4～6 min 开始心肺复苏的，只有 10%被救活；10 min 以后才施救的，几乎无存活的可能。因此，争分夺秒的现场救护非常重要。

徒手心肺复苏的操作方法和步骤如下。

1. 环境评估

现场急救人员应观察周围环境，保证通风、顶板、瓦斯等因素良好。

2. 判断意识

现场急救人员应轻拍伤员肩部，问："喂！你怎么了?"如果伤员对此毫无反应，则可判断其无意识，应立即呼救。若有意识，则按要求为其提供帮助。

3. 判断颈动脉博

现场急救人员应用食指和中指指尖触及伤员的气管正中部(喉结部位)，判断时间不超过 10 s，如不能触及其动脉搏动，应立即进行心肺复苏。

4. 安置病人体位

现场急救人员应使病人仰卧在硬板床或地板上，令其头颈、躯干无扭曲，两臂放于身体两侧，解开其上衣、腰带，脱下其袜子和靴子，暴露其前胸，检查其全身各处是否有外伤和骨折。

5. 通畅气道

现场急救人员应打开昏迷者的口腔，将其头微微侧向施救者方向，手指进入其口腔，将其口中和气道中的异物抠出。

6. 胸外按压

(1) 按压部位：两乳头连线中点处（胸骨下半部）。

(2) 按压手法：左手掌根部置于按压位置，右手掌根部压在左手手背上，手指交叉，肘部伸直，上肢与胸壁垂直，用上半身的力量垂直向下按压。

(3) 按压幅度：大于等于 5 cm。

(4) 按压频率：每分钟大于等于 100 次。

(5) 按压与呼吸比例：30∶2，反复进行。

(6) 操作 5 个循环后判断是否有效。若无效，继续上述操作 5 个循环后再次判断，直至高级生命支持措施的开始。

7. 人工呼吸

人工呼吸适用于触电休克、溺水、有害气体中毒、窒息或外伤窒息等引起的呼吸停止、假死状态者。如果伤员呼吸停止不久，大都能通过人工呼吸抢救过来。

人工呼吸的方法有口对口吹气法、仰卧压胸法和俯卧压背法 3 种。最常用的方法为口对口吹气法。

(1) 口对口吹气法。

口对口吹气法是效果最好、操作最简单的一种方法。现场救援人员在操作前应使伤员仰卧，救护者在伤员头部的一侧，一手托起伤员下颌，并尽量使其头部后仰；另一手将其鼻孔捏住，以免吹气时从鼻孔漏气。救援人员自己深吸一口气，对准伤员的口将气吹入，使伤员吸气；然后，松开捏住鼻子的手，并用手压其胸部以帮助伤员呼气。如此有节律地、均匀地反复进行，每分钟吹气 14～16 次。注意吹气时切勿过猛、过短，也不宜过长，以占一次呼吸周期的 1/3 为宜。如图 13-1 所示。

(2) 仰卧压胸法。

现场救援人员首先让伤员仰卧，跨跪在伤员大腿两侧，两手拇指向内，其余四指向外伸开，平放在伤员胸部两乳头之下，借助上

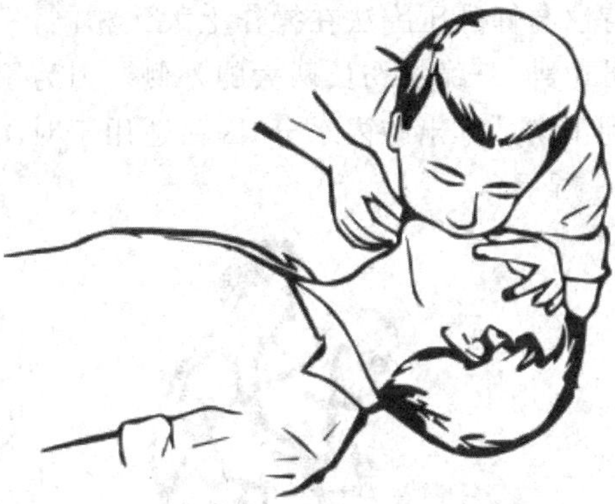

图 13-1　口对口吹气法

半身重力压伤员胸部，挤出伤员肺内空气；然后，救援人员身体后仰，除去压力，伤员胸部依其弹性自然扩张，使伤员的肺内吸入空气。如此有节奏地进行，每分钟 16～20 次。如图 13-2 所示。

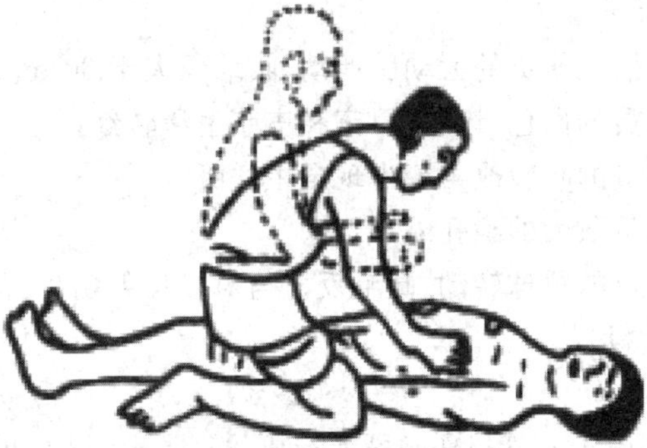

图 13-2　仰卧压胸法

此法不适用于胸部外伤或二氧化硫、二氧化氮中毒者，也不能与胸外心脏按压法同时进行。

(3) 俯卧压背法。

俯卧压背法与仰卧压胸法在操作上大致相同，只是现场救援人员应使伤员俯卧、跨跪在伤员两大腿外侧。因为用这种方法做人工呼吸有利于伤员排出肺内水分，因而适用于对溺水人员的急救。如图13-3所示。

图13-3　俯卧压背法

8. 有效验证

(1) 能扪及伤员的大动脉搏动，收缩压大于60 mmHg。

(2) 伤员的面色、口唇、甲床和皮肤色泽转红。

(3) 伤员的呼吸改善或出现自主呼吸。

(4) 伤员散大的瞳孔缩小。

(5) 伤员的眼球转动，睫毛反射与对光反射出现，甚至手脚抽动，肌张力增加。

**(七) 止血**

出血是由于血管损伤破裂而造成的。

1. 出血的特征

血管不同，出血也有不同的特征。

(1) 动脉出血的特征是血色鲜红，出血时像小喷泉一样不止。因为动脉出血的流量大，时间稍久就会有生命危险。

(2) 静脉出血的特征是血色暗红，血液呈持续性溢出。

2. 止血的方法

(1) 压迫止血法。

一个人受了伤，如果立即果断地用手指用力压紧伤口附近靠近心脏一端的动脉跳动处并把血管紧压在骨头上，就能很快收到临时止血效果。

(2) 加压包扎止血法。

这种方法适用于小血管和毛细血管的止血。现场急救人员应先用消毒纱布(也可用干净的毛巾)敷在伤口上，再加上棉花团或纱布卷，并用绷带紧紧包扎，以达到止血的目的。如果伤肢有骨折，还要另加夹板固定。

(3) 加垫屈肢止血法。

这种方法多用于小臂和小腿的止血。它是利用肘关节或膝关节的弯曲功能压迫血管达到止血的目的。现场急救人员应在伤员的肘窝或膝窝内放入棉垫或布垫，使伤员的关节弯曲到最大限度，再用绷带把其前臂缠住或者将小腿与大腿固定。如果伤肢有骨折，也应先用夹板固定。如图 13-4 所示。

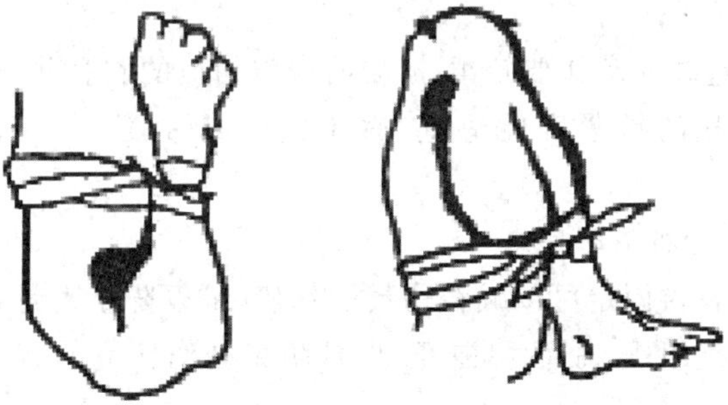

图 13-4　加垫屈肢止血法

(4) 止血带止血法。

这种方法适用于四肢大血管的出血，尤其是动脉血管出血。一般用橡皮管（也可用毛巾、布带或绳子代替）绕肢体包扎、打结、固定或在结内（或结下）穿一根短木棒，绞紧止血带，直到不流血为止，然后把木棒固定在肢体上。在包扎和绞止血带时，不要过紧或过松。

（八）创伤包扎

包扎的目的是保护伤口和创面，减少伤口的感染，减轻伤员的痛苦。加压包扎有止血作用。用夹板固定骨折的肢体时，必须要包扎，以减少继发性损伤，也便于将伤员运送到医院。

包扎的注意事项如下。

(1) 不能用井下的污水冲洗伤口；接触伤口的敷料应尽量使用消毒敷料，如果没有消毒敷料，应选用较干净的毛巾、内衣等布料包扎伤口，不要用手接触伤口；包扎的范围应超出伤口边缘 5～10 cm。

(2) 伤口表面的异物，如煤块、矸石、衣服碎片等，可以去除。深部的异物不应当时取出，以免加重感染或引起大出血。

(3) 肠管等内脏脱落时，不要送回伤口内，以免造成腔内感染。

(4) 包扎时动作要轻柔，必要时应将伤员的衣服剪开，以利于操作。包扎的松紧度要适宜，避免过松或过紧，接头不要打在伤口。

（九）骨折临时固定

骨折临时固定可以减轻伤员的疼痛，可以防止因骨折端移位而刺伤邻近组织、血管和神经，也是防止创伤休克的有效急救措施。如图 13-5 所示。

骨折临时固定的操作要点如下。

(1) 伤员如有伤口出血，应先对其止血并包扎伤口，再做骨折的固定。伤员如有休克应先进行心肺复苏。伤员有脑伤和腹部伤

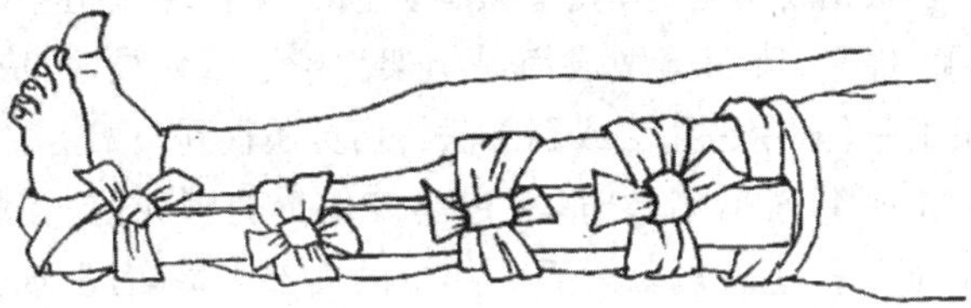

图 13-5　骨折临时固定

时不能服药。

(2) 在井下对伤员做临时固定,目的在于保证将伤员安全地向地面医院转运。因此,对于有明显外伤畸形的伤肢,只需要做临时固定进行大体纠正,而不需要按原形完全恢复,也不要把露出的断骨送回伤口,否则会给伤员增加不必要的痛苦或因处理不当而使伤情加重。

(3) 要尽可能地将伤员就地固定(主要固定四肢和脊柱骨的骨折)。应注意,在固定前不要无故移动伤员的衣服和裤子。

(4) 做临时固定的夹板要与伤肢相称,夹板应能托住整个伤肢。除了把骨折的上下两端固定好外,如遇关节处,要同时把关节固定好。

(5) 夹板不能与皮肤直接接触,要用棉花、布片或毛巾等柔软物品垫好,尤其要垫好夹板两端、骨头突出的地方和空隙的部分。

(十) 伤员的搬运

搬运伤员时,应注意以下事项。

(1) 在搬运以前,一定要先做好对伤员的检查和完成初步的急救处理,以保证搬运途中的安全。

(2) 对窒息或心跳、呼吸骤停的伤员,应先复苏后搬运;对出血的伤员,应先止血后搬运。

(3) 要根据伤情轻重,决定搬运方向。没有现成担架时,可用木棍、衣服、绳子、风筒等做成简易担架。搬运重伤员时,应将担架放在伤员的一侧,用平托法或翻滚法将伤员搬移到担架上。

(4) 走平巷搬运伤员时,一定要使伤员的脚朝前、头朝后,这样可使后面的搬运人员随时看到伤员的面部表情,若发现异常,能及时抢救。在斜巷搬运时,不论上山、下山,都要使担架保持水平状态。

(5) 搬运伤员行进中,搬运人员的动作一定要轻、脚步一定要稳、步伐要求一致,避免摇晃和振动。

(6) 在搬运转送中,伤员出现病变时要对其就地急救,待其恢复正常后再继续搬运。

(7) 将伤员搬运到大巷后,如有专用车辆转送,一定要把担架放稳放平,行车速度不宜太快,以免颠簸;如用空矿车送,一定要固定好担架,把伤员牢固地绑在担架和车身上,担架两侧还要有人看护,并严格控制行车速度。

(8) 搬运伤员时,搬运人员一定要沉着镇定,不论什么情况下都不可惊慌失措。

## 三、自救器的安全使用

《煤矿安全规程》规定:入井人员必须随身携带额定防护时间不低于 30 min 的隔绝式自救器。

自救器是一种轻便、体积小、便于携带、戴用迅速、作用时间短的个人呼吸保护装备。当井下发生火灾、爆炸、煤和瓦斯突出等事故时,正确佩戴自救器可有效防止中毒或窒息。从国内外事故教训来看,不少遇难者当时如果佩戴自救器是完全可以避免死亡的。煤矿常用的隔离式自救器分为隔离式化学氧自救器和隔离式压缩氧自救器两种。目前,煤矿企业主要使用隔离式压缩氧自救器。

（一）隔离式自救器的使用步骤(如图 13-6 所示)

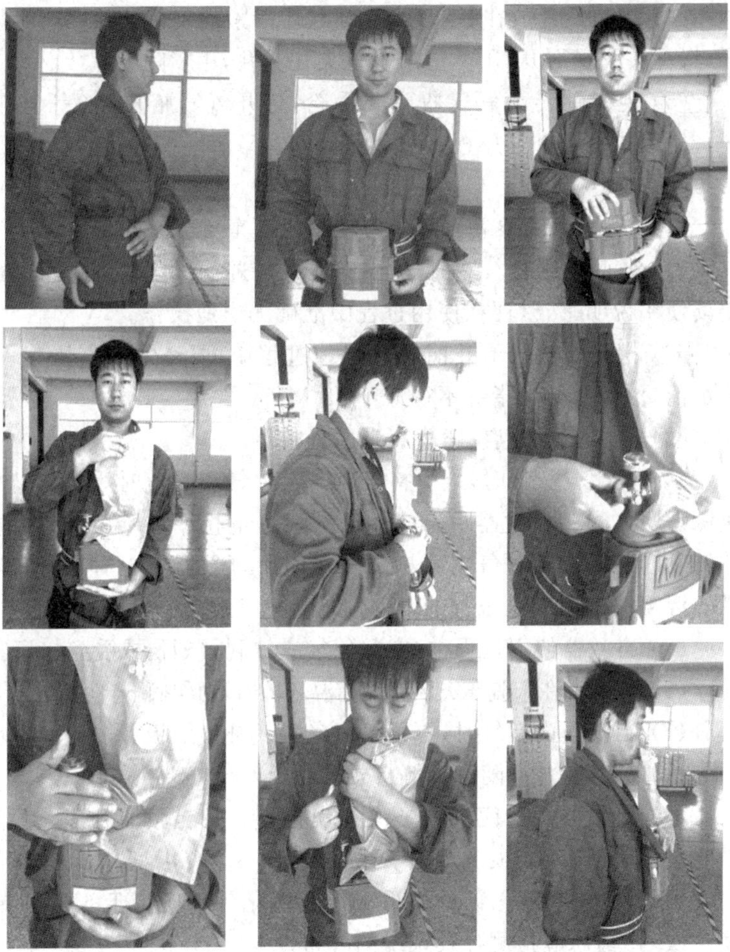

图 13-6　隔离式自救器的使用步骤

(1) 将佩戴的自救器移至身体的正前方。

(2) 拉开自救器两侧的塑料挂钩并取下上盖。

(3) 展开气囊,注意气囊不能扭折。

(4) 把口具片放在唇和牙齿之间,牙齿紧紧咬住牙垫,紧闭嘴唇,将鼻夹弹簧掰开,用鼻垫准确地夹住鼻孔,用嘴呼吸。

(5) 逆时针转动氧气瓶开关手轮,打开氧气瓶开关(完全打开),用手指按动补气压板,使气囊迅速鼓起。

(6) 撤离灾区。

(二) 隔离式压缩氧自救器的使用注意事项

(1) 佩戴使用自救器前,须由专业人员进行试用培训,并认真阅读使用说明书,以便在使用过程中准确无误地操作。

(2) 携带自救器下井前和在佩戴过程中,要经常观察压力表的示值,保证其压力指针不得低于 18 MPa。

(3) 严禁无故开启、磕碰和坐压自救器。

(4) 使用自救器时,应保持沉着。在呼气和吸气时,应保持慢速深呼吸。口与自救器距离应保证气囊尽量拉展,以免气囊内的呼气软管打折而使呼气阻力增加。在使用自救器的中后期,清净罐的温度略有上升是正常的,不必紧张。

(5) 自救器使用过程中,应避免气囊被利器划伤或受到挤压。

(6) 使用者在未脱离灾区或在高温环境时,切勿摘下自救器。

(7) 当气囊内有气时,不可挤压气囊及补气压板。

(8) 严禁在井下随意拆解自救器。

(9) 自救器每季度进行一次外观检查。凡自救器开启、封印条断裂、外壳严重破损变形的一律报废。

(10) 检查氢氧化钙更换情况。氢氧化钙不应少于 6 个月更换一次,换药后应检测呼吸系统的气密性。

# 第十四章　典型事故案例

## 事故案例一　2022 年某煤矿“7·9”机电事故

### 一、事故概况

2022 年 7 月 9 日 17 点 58 分，某煤矿井下东四左翼煤柱 A 面副井口以里 320 m 处发生一起一般机电事故，造成 1 人死亡，直接经济损失 172.8 万元。

### 二、事故经过

2022 年 7 月 9 日 13 时 40 分，维运队队长李×明召开 4 点班班前会，进行人员分工并强调安全注意事项，安排检修班班长李×光和电钳工张××到东四左翼煤柱 A 面副巷水仓附近接负荷中心一次侧线，要求两人不见综采一队的联系人、工作票和停电对牌不得作业。14 时 34 分，李×光和张××乘坐东区人车入井；15 时 44 分，到达东四左翼煤柱 A 面副巷口。两人沿工作面副巷到达指定工作地点时发现负荷中心未到位，现场除高压接线盒（型号：BHG-400）外只有计划用于连接负荷中心一次侧的电缆（长 27 m，型号为 MYPTJ3×70 mm2/3＋3×2.5）。随后两人在空巷（东四左翼轨道大巷）风门以里 20 m 处发现负荷中心，李×光在负荷中心拆下 2 个高压电缆密封圈，又在东四左翼一贯眼配电点处换下移动变压器上的 2 个密封圈后，前往指定工作地点。

14 时 30 分，综采一队队长武××召开 4 点班班前会，4 点班跟班队长申××等 14 人参会，安排当班回撤 B 面的道轨等材料并将负荷中心运至副巷水仓往里 30 m 处，由电钳工高××连接负荷中心二次侧与组合开关之间的线缆。会后,4 点班 14 名职工于 15 时 30 分陆续入井、17 时许到达左翼轨道巷口,随后开展各自工作。

17 时 27 分左右,李×光、张××再次到达东四左翼煤柱 A 面副巷指定工作地点。李×光观察完计划连接用的电缆后,安排张××制作接线盒侧电缆接头,自己拆高压接线盒喇叭八嘴、接线盒端盖。张××背对李×光在道轨边做电缆接头,其间张××问李×光"停电了吧",李×光回答"停了"。张××把 6 cm 电缆的外护套、绝缘包带、内护套去掉,开始处理动力线芯的绝缘屏蔽时听到李×光叫了一声,回头看见李×光身体弯曲,向工作面切眼方向栽倒,接线盒端盖已打开。张××呼叫李×光无应答,意识到李×光已触电,将人放平后就往工作面切眼方向跑去,边跑边喊"电把人打了"。

**三、事故原因和性质**

(一) 事故原因

1. 直接原因

作业人员在未确认停电、未戴绝缘护具的情况下,右手拿专用内六方套筒触碰带电的 BHG-400 接线盒高压接线柱,左手触碰到接线盒端壳,形成导电回路被高压电击,是该起事故的直接原因。

2. 间接原因

(1) 现场安全管理不到位。安全监护人员、跟班人员未与作业人员联系、未到作业现场进行安全确认、未监督好职工的规范操作、未及时制止违章作业。

(2) 安全管理存在漏洞。维运队安排人员进行非正常作业(高压接线),未安排队干现场跟班。矿井职能部门未发现维运队职工违章作业和"非正常作业工作票"安全技术措施贯彻落实不到位等问题。

(3) 安全技术措施贯彻不到位。维运队队长对负荷中心高压接线作业“非正常作业工作票”安全技术措施签字后，未将措施贯彻至现场作业人员。

(4) 违章作业现象严重。现场作业人员未执行《电工安全技术操作规程》规定，在接线盒出线侧的负荷中心未运输到指定位置、现场不具备安装条件的情况下强行在负荷中心一次侧接线作业；对高压接线盒接线作业期间未按照“非正常作业工作票”规定联系综采一队人员停电、未进行停电对号牌确认；打开高压接线盒端盖后，未按照《井下电钳工操作规程》规定进行验电、放电，未佩戴绝缘护具进行作业。

(5) 集团对该煤矿安全监督检查不力，对该矿存在的高压作业时不佩戴绝缘用具等问题失察，对矿井反“三违”等安全管理工作监督指导不力。

(6) 地方安全监管部门监管不到位。该市煤矿安全监管中心对该煤矿日常检查不严不细，安全监督检查不到位。

(二) 事故性质

经调查认定，该起事故是一起生产安全责任事故。

**四、防范措施与整改建议**

(一) 强化岗位安全生产责任落实

该煤矿要进一步落实安全生产责任制，做到层层落实、逐级负责、责任到岗、责任到人，形成从上到下层层负责的责任体系，消除安全管理上的漏洞。各部室、各队组安排现场非正常作业时，必须跟踪落实并准确掌握现场情况和工序衔接时间，做好相应措施和工作安排。要切实加强现场管理，在井下采掘工作面、巷道维修作业点、钻孔施工作业点、重要机电设备检修作业点、大型设备安装和回撤作业点等重要作业场所安设视频监控，用“无监控不作业”推动“上标准岗、干标准活”，有效遏制事故发生。

(二) 深入开展事故警示教育活动

该煤矿要通过典型事故案例开展针对性事故警示教育，开展视频培训、现场教育、现身说法等活动强化职工安全意识，提高作业人员自保、互保、联保能力。

（三）加大反“三违”力度

该煤矿要持续开展反“违章指挥、违章作业和违反劳动纪律”专项整治行动，明确各级管理人员下井查“三违”要求，对“三违”行为要严查重处。

（四）加强危险源辨识及风险评估

该煤矿要定期开展全方位危险源辨识及风险评估，编制风险管控清单，研判各类风险等级，重点对停送电、非正常作业等的风险等级、非正常作业现场进行监督并重新辨识评估，强化各类风险尤其是重大风险管控措施的现场落实。

（五）加强非正常作业安全管理

该煤矿要加强对涉及2个以上队组同时间、同区域作业的安全管理，明确部室、区队以上干部跟班作业，对高压作业要明确业务部室管理人员跟班作业。切实加强停送电、拆接火等非正常作业以及作业规程、安全技术措施现场执行情况的监督检查，确保规章制度在现场执行到位。

（六）认真落实煤矿主体企业责任

集团要进一步压实安全监督管理责任，提升安全管理效果，加强对设备检修、接火作业等特殊作业环节的监督检查力度，强化对所属矿井反“三违”等安全管理工作的督促指导，优化干部管理体系，提升安全管理水平。

（七）加强地方安全监管

该市煤矿安全监管中心要落实好属地监管责任，认真履行安全监管职责。要充分发挥煤矿安全监管包保小组的作用，加强安全监督检查，及时督促煤矿企业做好重大风险管控和隐患排查治理工作。加强对监管人员的业务培训，提升监管人员的专业素质。

# 事故案例二 2021年某煤矿"5·11"机电事故

## 一、事故概况

2021年5月11日9时50分左右,某煤矿井下发生1起机电事故,造成1人死亡,直接经济损失93万元。

## 二、事故经过

2021年5月10日21时左右,某煤矿3102综采工作出现跳电故障。2021年5月11日早6时30分,该煤矿召开调度会,矿长刘××在会上针对3102综采工作面跳电故障,安排机电矿长陶××查明跳电原因,陶××布置采煤队查明原因。

7时左右,综采队队长张×阳组织召开班前会,机电副队长张×东安排检修班班长曹××带电工查跳电原因。班前会结束后,曹××叫电工陈××、李××到井下3102综采工作面运输巷移动 变电站处等他。

9时左右,曹××和陈××、李××三人在移动变电站处会合。曹××说先检查移动变电站(10 kV变1 140 V)低压端,李××在低压端开关通过漏电试验使低压端断电,陈××核实低压端 已停电。陈××检查低压端开关接线室,李××检查星形点接线室,均未发现故障,曹××看了一遍也未发现故障,于是盖好防护盖,拧紧螺栓。然后,曹××安排李××去看乳化液泵,自己和陈××检查移动变电站高压端,曹××说"停电了,咱们打开看看",并安排陈××打开高压端开关右侧防护盖,曹××自己打开左侧防护盖。

9时50分左右,李××从乳化泵站返回途中看见曹××倒地,就喊"出事了"。陈××赶紧过去,发现左侧防护盖已经打开,曹××倒在地上,喊他两声,没有反应。

## 三、事故原因和性质

(一) 事故原因

1. 直接原因

采煤队检修班班长曹××违反《煤矿安全规程》,在未采取安全防护措施、未确认断电的情况下,打开移动变电站高压端开关防护盖,触电身亡。

2. 间接原因

(1) 煤矿安全教育培训不到位。检修班班长曹××不具备相应电气设备操作技能和资质,擅自打开移动变电站高压端开关防护盖。职工安全意识淡薄,自主保安能力差,互保责任落实不到位。

(2) 煤矿现场安全管理和安全监督检查不到位。检修电气设备未严格执行《煤矿安全规程》和《煤矿机电电气设备检修操作规程》,对高压设备的检修缺少有效的现场安全监督,未及时发现和纠正工人违章作业。

(3) 煤矿安全管理主体责任落实不到位。煤矿对机电设备日常管理维护弱化,导致机电设备出现故障,生产不连续,煤矿安全管理松懈,管理人员未认真履行安全职责,检修制度和安全措施落实不到位。

(二) 事故性质

经事故调查组分析认定,该起事故为机电事故,属一般事故,是一起责任事故。

## 四、防范措施与整改建议

(1) 严格落实安全管理主体责任。健全各层级安全生产岗位责任制,管理人员认真履行安全生产责任,提升煤矿安全管理水平。

(2) 完善并严格执行检修制度和安全技术措施,加强设备维护更新与检修,及时排除故障,确保生产连续、正常。

(3) 加强现场安全管理和安全监督，制定有效的电气设备检修现场安全监督措施，严格执行《煤矿安全规程》和安全管理制度。

(4) 加强从业人员安全教育培训。按规定对从业人员开展培训和日常教育，提高从业人员安全意识、操作技能和自保互保能力。加强对“三违”检查和处罚力度，杜绝“三违”行为。

(5) 深刻吸取事故教训，认真反思事故原因，举一反三，加强隐患排查治理，扎实开展全员事故警示教育，杜绝煤矿事故发生。

## 事故案例三　2020 年某煤矿一号井“6·6”机电事故

### 一、事故概况

2020 年 6 月 6 日 12 时 12 分左右，某煤矿一号井 130205 综放工作面回风巷发生一起机电事故，导致 1 人死亡，直接经济损失 147.87 万元(不含事故罚款数)。

### 二、事故经过

2020 年 6 月 6 日约 8 时，该煤矿综掘七队早班吴××(跟班副队长)主持召开班前会，安排对 130205 综放工作面回风巷进行维修，主要工作内容为清理 40 m 左右巷道中的渣，向 130205 综放工作面移综掘机。

综掘七队作业人员到达 130205 回风巷后，约 11 时 49 分巷修机司机杨×学在倒巷修机时，杨×成拉电缆不及时，电缆被挤断，造成巷修机、分馈开关、总馈开关、13 采区＋810 m 水仓移动变电站断电。

随后两人告知警戒线外的吴××电缆被挤断，需要电工处理。吴××、李××(生产准备班副班长)、杨×峰(电工班班长)和郑××4 人到巷修机处查看被挤坏的电缆后，郑××对分馈开关进行停电闭锁。随后，郑××和杨×峰开始处理电缆，将电缆中 4 根芯线全部割断，准备接第一根芯线。在此期间，李××返回综掘机处和其他工人继续盘综掘机电缆，等电缆盘完后，李××和杜××(电工)来到巷修机处，郑××告知电已停好，移动变电钻和总馈开关可以送电。随后，李××安排陆××(工人)去移动变电钻送电，杜××去总馈开关处送电。当郑××开始接第二根芯线时，李×× 走到杨×峰和郑××身旁，郑××让李××去帮自己挂分馈开关停电闭锁牌。李××去挂闭锁牌后，吴××安排杨×峰去确认分馈开关是否停好电。

大约 12 时 12 分，陆××把移动变电钻的电送上，杜××把总馈开关的电送上，正在接线的郑××"啊"了一声，倒在地上。正在附近清渣的杨×学听到叫声后，发现郑××倒在地上，喊了一声"谁送电了，把人打了"。

随后，杨×峰、李××、赵××、吴××等人来到郑××跟前，对郑××采取急救措施后用水仓的护栏把郑××抬到 130205 综放工作面回风巷口，当时正好过来一辆送班中餐的无轨胶轮车，他们将郑××抬上无轨胶轮车向井口运送。

无轨胶轮车行驶至 17 联络巷时遇到一辆皮卡车，他们随即把郑××转移到皮卡车上，送至副井罐笼处，乘坐罐笼升井后将其送到宁东医院，约 13 时 15 分对郑××进行抢救。因抢救无效，医院于 14 时 15 分宣布郑××死亡。

## 三、事故原因和性质

### (一) 事故原因

1. 直接原因

总馈开关送电后，因巷修机供电分馈开关断路器在分闸状态时 A 相真空管导通，致使巷修机供电电缆带电，造成正在修复巷修机供电电缆接头的作业人员郑××触电致死，是该起事故发生的直接原因。

2. 间接原因

(1) 郑××安全意识淡薄，危险源辨识不清，违章作业。停电操作时，只进行了分馈开关停电闭锁操作，未挂锁，未挂接地线，未挂停电警示牌，违反该煤矿《关于规范井上下机械、电气设备能量隔离及停电检修管理工作的通知》中“在上级电源闭锁并加挂外置锁具”“必须在检修电气设备电源侧加装短路接地线”“悬挂‘有人工作，不准送电’警示牌”“谁停电、谁送电、谁挂牌、谁摘牌、谁上锁、谁解锁”的规定，是造成该起事故的间接原因之一。

(2) 机电设备安全管理监督不到位。停送电作业风险管控效果差，岗位人员风险管控和事故隐患排查治理责任落实不到位，存在非专职电气作业人员进行电气操作的现象，是造成该起事故的间接原因之二。

(3) 现场安全监管不到位。现场安全管理人员未对现场存在的违章行为进行制止，是造成该起事故的间接原因之三。

(4) 安全培训工作不到位，培训效果差。对职工安全教育培训不深不实、流于形式，安全意识没有入脑入心，职工自保互保意识差，是造成该起事故的间接原因之四。

(二) 事故性质

经现场勘察、调查取证、技术分析，认定该起事故是一起生产安全责任事故。

**四、防范措施与整改建议**

(1) 加强现场停送电管理。严禁井下带电检修电气设备，严禁非专职人员或者非值班电气人员操作电气设备，检修电气设备严格执行停送电制度和相关安全技术措施，严格执行验电、放电、电气检修作业加装三相短路接地线等相关规定，切实做到“谁停电、谁送电、谁挂牌、谁摘牌、谁上锁、谁解锁”。

(2) 加强现场风险管控。加强现场作业环节风险管控，提高职工危险源辨识能力，针对辨识出的危险源制定相应管控措施，落实各岗位人员风险管控责任。

(3) 加强现场安全监督管理。现场安全管理人员要落实监督职责，要求作业人员严格按照作业规程和相关安全技术措施进行作业，认真排查和消除现场存在的安全隐患和问题，杜绝“三违”行为，对习惯性违章指挥、违章作业要严厉处罚。

(4) 加强职工安全培训。严格执行煤矿安全培训规定，加强对煤矿安全培训工作的监督、管理和考核，加强对作业规程和操作规程的学习贯彻，进一步提高职工自觉遵章守纪的安全意识，强化职工自保互保思想，提高防范事故能力。

(5) 加强警示教育。针对该起事故，制作警示教育片，煤矿全员开展事故警示教育，提高员工安全意识和事故防范能力，用事故教训推动煤矿安全生产工作。

## 事故案例四　某煤矿“8·20”机电事故

### 一、事故概况

2020 年 8 月 20 日 8 时 40 分许，某煤矿井下 3 煤回风巷下段发生一起机电事故，造成 1 人死亡，直接经济损失 211.34 万元。

### 二、事故经过

2020 年 8 月 20 日 6 时 20 分，某煤矿巷修工区区长马××主持召开早班班前会，布置当班工作任务。该工区当班出勤 22 人，其中机电维护班 3 人、生产班 12 人、巷道起底 5 人、跟班干部 1 人、区长 1 人。会上，马××安排了当班工作任务，强调了安全注意事项。

约 7 时，马××接到井下夜班电钳工周××电话汇报，3 煤回风巷下段 55 kW 绞车开关故障，造成 1 号馈电开关跳闸，经确认为 55 kW 绞车开关换向器烧坏。马××便安排维护班班长张×西带领维护班下井处理。

8 时 20 分，张×西带领维护人员赵××、张×六到达 3 煤回风巷下段工作地点，张×西确认 2 号馈电开关手把置于分断位置，为防止误送电，又拆除了熔断器，并在开关上悬挂了“有人工作，禁止合闸”警示牌，准备用喷浆机开关更换已烧坏的绞车开关。3 人将喷浆机开关挪移至绞车硐室后，检查确认绞车开关未带电并进行了放电。随后由赵××负责拆卸烧坏的绞车开关电源侧和负荷侧电缆，张×六负责打开喷浆机开关上盖。完成上述工作后，为了更换 55 kW 绞车开关时不影响 3 煤胶带巷胶带运输机的运行，3 人商定，由张×西负责给 1 号馈电开关送电，赵××负责在绞车硐室看护，张×六负责检查刮板输送机周围设备情况。8 时 40 分许，1 号馈电开关送电后，在附近的跟班副区长柳××听到赵××喊叫，便迅速赶到事发地点，发现赵××触电受伤，躺在绞车硐室地上。

事故发生后，柳××立即组织正在附近作业的杨×健、杨×龙等人对赵××进行心肺复苏，同时汇报调度室。

调度室接到汇报后，立即启动生产安全事故应急预案，安排矿相关负责人带领专业技术人员、兼职救护队员及医生赶往井下现场进行救治，并安排救护车在井口等候。同时，柳××等人在现场制作简易担架，将赵××护送至集中轨道下山约 100 m 处时，与兼职救护队、医生相遇。随队医生立即对赵××进行了抢救并护送升井。

9 时 24 分升井后，随队医生对赵××进行了进一步抢救，随后由等候在井口的救护车将赵××送往陇县人民医院，14 时 56 分，赵××经抢救无效死亡。

## 三、事故原因和性质

### （一）事故原因

1. 直接原因

2 号馈电开关手把置于分断位置时负荷侧电缆仍然带电，赵××在未落实验电、放电、挂设接地线等安全措施的情况下，违章搭接绞车开关时直接与带电电缆芯线接触触电，是该起事故的直接原因。

2. 间接原因

(1) 矿井机电设备维护不到位。2号馈电开关在使用过程中产生电弧致使断路器触头粘连，开关手把置于分断位置时不能正常分断线路。设备维修检查不认真，设备入井前的检查项目不齐全，2号馈电开关安装后未按《防爆设备入井安装、验收制度》要求组织检查验收。

(2) 矿井停送电制度执行不严格。巷修工区区长在安排进行55 kW绞车开关维修过程中，未严格按照《矿井工作票制度》申办停、送电工作票，未指定现场安全负责人和施工负责人。赵××未穿戴绝缘胶靴、绝缘手套，在现场无人监护的情况下违章作业。

(3) 现场安全管理混乱。现场多台机电设备未按要求挂牌管理，1号馈电开关承担多个施工地点供电，未明确管理单位和包机人员。当班安全管理人员监督检查不认真，对现场存在的违章作业行为排查治理不力。

(4) 矿井机电管理有漏洞。巷修工区未配备负责机电业务的管理人员，仅由1名班长负责日常机电安全管理工作。电气作业人员专业工具配备不齐，当班机电维护人员赵××无专用电气作业工具。未建立《巷修工区停送电制度》《安全生产风险管控制度》《巷修工区安全生产责任制》。

(5) 矿井安全培训教育不到位。培训质量不高，效果不佳，现场作业人员安全意识淡薄，自保意识差，对维修过程中存在的因设备故障造成电缆带电的风险辨识不清。

(二) 事故性质

通过调查取证、现场勘察和查阅资料，综合分析认定该起事故是一起责任事故。

**四、防范措施与整改建议**

(1) 严格落实企业安全生产主体责任，各级安全管理人员要深刻吸取事故教训，全方位反思在安全生产过程中存在的问题，查漏补缺，认真履行岗位职责，全面排查整治各类安全隐患，狠反“三违”，切实提高企业安全管理水平。

(2) 停止使用所有 KBZ-400/1140(660 V)型馈电开关(矿用产品安全标志编号：MAD030064)，对该型号的馈电开关进行全面排查检查，在保证馈电开关完好及停电、闭锁功能正常，并经检验合格后，方可使用。

(3) 全面排查矿井机电检修、设备更换等管理制度及安全技术措施中存在的管理漏洞，建立健全符合矿井实际的机电检修、设备更换等管理制度，严格落实停送电工作票和操作票制度。

(4) 电气设备检修作业时，必须执行停电、闭锁、验电、放电、挂接地线、挂牌的规定，同时要严格执行“谁停电、谁送电”制度，规范停送电操作流程。电气作业时，必须使用专业工具，穿戴绝缘胶靴、绝缘手套，在现场监护人的监护下作业。

(5) 抓好机电设备的全过程管理，配备满足需要的机电设备管理人员，加强各类机电设备的检修与维护，定期对电气设备及保护装置进行检查、检修和试验，确保机电设备安全可靠运行。必须严格按照规程规定和质量标准要求进行入井验收，严禁不达标和不完好的设备入井使用。

(6) 加大各岗位职工安全技术操作技能和危险源辨识能力的培训力度，确保从业人员熟悉相关安全规章制度和安全操作规程，掌握本岗位的安全操作技能，坚决杜绝违章行为的发生。